LOS ROBOTS EN LA VIDA DEL SER HUMANO

LOS ROBOTS EN LA VIDA DEL SER HUMANO

Tomás Perales Benito

sclibro
servicio comercial del libro

LOS ROBOTS EN LA VIDA DEL SER HUMANO
Tomás Perales Benito

ISBN: 978-84-122861-5-1
EAN: 9788412286151
IBIC: TJFM1

SCLibro
Calle Mar Mediterráneo, 2. N-6
28830 SAN FERNANDO DE HENARES, Madrid
Teléfono: +34 91 677 57 22
Correo electrónico: info@rclibros.es
Internet: www.rclibros.es
Diseño de colección y pre-impresión: Grupo RC
Diseño de cubierta: Cuadratín
Impresión y encuadernación: Estugraf
Depósito Legal: M-34529-2021
Impreso en España
25 24 23 22 (1 2 3 4 5 6 7 8 9 10 11 12)

A mi hermana, víctima inocente de la COVID-19.

La mayor parte de este libro se escribió durante los días duros del confinamiento.

ÍNDICE

PRÓLOGO

¿Nos sustituirán? Es la primera e inquietante pregunta que aflora en los que se acercan por primera vez a los robots y contemplan, junto a la muestra de habilidades y saberes que exhiben, la similitud corporal —brazos y piernas en movimiento en los industriales, y cuerpo, rostro y verbo en los sociales— y de comportamiento con el ser humano. La respuesta es que no, que cada uno tiene asignado un rol: utilidad práctica los primeros y ocupación laboral y vida social los segundos, acorde con los cambios que se vienen produciendo desde el origen de los tiempos. Los robots, tanto los industriales como los que tienen formato humanoide, son, en la tierra y en el espacio, sirvientes mecánicos que hacen y dicen lo que se les deja hacer y decir por programación. Responden a las órdenes como uno más de los equipos electrónicos colgados de la existencia humana por deseo de la ciencia, aunque son más avanzados tecnológicamente al poseer capacidad de imitación y posibilidad de aprender de la experiencia diaria con el fluido vital que corre velozmente por sus circuitos: la inteligencia artificial.

La literatura y el cine, tan hermanados, nos han venido impresionando con historias de robots superinteligentes, ingenios de aspecto humano dotados de libre albedrío y de maldad suficiente para morder con saña la mano del constructor. Ambos medios se han nutrido de la mitología, tan abundante, de las ancestrales leyendas de replicantes del ser humano, seres artificiales cocinados por los artífices de la ciencia con el deseo de asemejarnos a semidioses. Pero, paradoja, cuando los hemos tenido próximos, nos hemos asustado y dado un paso atrás para desdibujar su fisonomía y alejar su rostro y su cuerpo de los nuestros. Solo entonces comenzamos a aceptar su compañía, a abrirles la puerta y a convivir con ellos. Se debe hacer notar que influye la necesidad. Sirva de ejemplo que durante los primeros momentos de la actual pandemia, numerosas personas mayores solitarias en Europa, los más reacios a la incorporación de sirvientes mecánicos, se acercaron a ellos y que la experiencia ha sido muy notable, especialmente en Francia.

Este libro, con propensión al robot social, el destinado a servir al humano, encuentra su justificación en el sinsentido del rechazo a un bien, que el autor cifra en el desconocimiento de la realidad de los robots que la industria está produciendo y en los posos amargos que ha dejado la literatura y el cine de fantasía. Especialmente en Occidente, la situación que refleja la sociedad es que asiste a un mero espectáculo, a un alarde de tecnología y genialidad, tan acostumbrada desde las últimas cuatro décadas, con forma y actitudes humanas. LOS ROBOTS EN LA VIDA DEL SER HUMANO se suma a las obras que pretenden poner de manifiesto la situación de los robots en relación con la existencia del hombre. Y lo hace presentando los tres frentes fundamentales que los definen en sus diferentes áreas de actividad, desde la industria a los asistentes sociales: cómo son, qué hacen y qué se puede esperar de ellos, sin olvidar unas pinceladas de su trayectoria histórica, imaginada durante siglos y real en este momento, cuando la tecnología lo ha permitido.

Cómo son es un recorrido a baja altura por su interior, por lo que esconden debajo de su epidermis artificial. Sus páginas están destinadas a servir datos a los curiosos de los caprichos de la tecnología y a desalojar las dudas de aquellos que aún no los contemplan como lo que son: ingeniosos conjuntos de componentes mecánicos y electrónicos a las férreas órdenes de la informática más avanzada que les da vida. Tratan, con apariencia humanoide capricho de sus creadores, de contribuir al bienestar del ser humano. Qué hacen es la revelación de sus posibilidades en el mundo industrial y social, en convivencia con los humanos en sus facetas personales y profesionales; y qué se puede esperar de ellos es una extensión de lo anterior con el foco puesto en lo que se ha dado en llamar —manifestándose nuevamente que hacemos copias de nosotros mismos— oficios, el destino laboral que se les asigna en razón a su estructura y a las capacidades y destrezas conseguidas.

Se supone que estamos ante un avance en lo social y laboral que reducirá a nimiedades lo alcanzado hasta ahora por la misma tecnología que los ha hecho posible. Su varita mágica, la que mueve los hilos de los robots industriales y sociales, se llama inteligencia artificial, un artificio calcado del modo de proceder del cerebro humano. Ramón y Cajal jamás pudo imaginar que sus dibujos de la estructura cerebral se copiarían algún día para algo diferente a lo natural.

El libro acaba con el epílogo de una autoridad en materia de enfermería y cuidados de la salud, donde los robots han encontrado su aplicación más social, más humana y también más necesaria: la doctora Concha Germán Bes, profesora titular de la Facultad de Ciencias de la Salud, Área de Enfermería de la Universidad de Zaragoza, investigadora y escritora.

Tomás Perales
Madrid- Sieteiglesias, 2021

Acerca del autor

Tomás Perales Benito (Tomelloso, Ciudad Real, 1949) es un divulgador en el entorno de las nuevas tecnologías de electrónica, diseñador de equipos electrónicos y formador de formadores. Ha sido asesor técnico y pedagógico del Ministerio de Educación y Ciencia para la reforma de la Formación Profesional.

A esa labor ha dedicado cuarenta libros técnicos destinados a recoger el avance tecnológico en telecomunicaciones, electrónica de consumo y energías renovables. En 1983, la Academia de Ciencias de la extinta URSS tradujo a su lengua un artículo, publicado en la revista *Mundo Electrónico*, acerca del cálculo probabilístico de la vida de un componente.

Cultiva la narrativa con tintes sociales. Entre otros, ha publicado *Una tierra por vencer* sobre el estraperlo en la posguerra, *Hermanos por decreto*, acerca de los hijos en el matrimonio homosexual, *El legado de Dulcinea*, fábula de la fábula quijotesca, y *Vendedores de felicidad*, una crítica al socialismo. Cuenta con el Premio de Narrativa Félix Grande.

PRIMERA PARTE:

Tipos y funciones

1 LOS ROBOTS EN LA INDUSTRIA

Para la mitología, anticipo del deseo de ser creadores de seres, los robots comenzaron con aspecto humano. Se idearon para la fábula y el papel con la estructura, saberes y sentimientos del hombre. Sin embargo, la consumación del sueño tuvo que contentarse con simples brazos con reducida capacidad de movimiento hasta que la naturaleza, tan caprichosa y a la vez tan pudorosa con lo que esconde, aflorara tecnología suficiente para conferirles vida. Los robots industriales, medios de trabajo artificiales, e incansables, a las órdenes de tensiones eléctricas provenientes de su unidad de control, fueron los primeros ayudantes del ser humano en llevar ese nombre que incita a un futuro más allá de la imaginación corriente.

La palabra *robot* se presentó en sociedad a finales de enero de 1921. Lo hizo en el Teatro Nacional de Praga. Y no por méritos etimológicos sino porque representaba la presencia de un nuevo individuo en la fauna humana: un humanoide, un robot antropomórfico con capacidad para trabajar y sentir cómo sentían los que lo diseñaron. Pura fantasía, claro, del dramaturgo Karel Capek. Al correr por el globo como la pólvora seca, una vez más se demostraba que era simple anticipación, que lo que uno imagina otro lo desarrolla. Se viene cumpliendo desde que tenemos memoria.

La nueva palabra impregnó la mente inquieta de los ingenieros, que pronto comenzaron a correr tras la fantasía hasta hacerla descender a tierra. Para el inicio, muchos echaron mano de la historia de la ciencia para recrear los mecanismos del telar con tarjeta perforada que Jacquard (1752-1832) presentó en 1801. La unión con los nuevos electromecanismos, de la mano de la electricidad y la incipiente electrónica, abrigó esperanzas en poder aplicar aquel viejo ingenio a otras áreas de la industria.

Conscientes de que lo de Capek era fantasía, la quimera en la que se embarcaban no tenía más derrota que conseguir máquinas para un trabajo repetitivo. Treinta y dos años después del evento, en 1953, el norteamericano George Devol presentaba su brazo articulado Unimate y lo incorporaba a la cadena de montaje de General Motors para mover piezas de un lugar a otro. Ya nada detendría el desarrollo de robots en múltiples formas. Dando un salto en el tiempo, salpicado de novedades a cual más ingeniosa, en el año 2000 se produjeron dos eventos considerados de referencia: la japonesa Honda presenta su robot humanoide Asimo y la norteamericana Intuitive Surgical, el robot quirúrgico Da Vinci. Entre esos dos grandes pasos, situados a modo de hitos, la electrónica, la informática y, finalmente la inteligencia artificial, la hermana mayor de esa. Los robots y su complemento, la Robótica, término acuñado en 1941 por Isaac Asimov en un texto de ciencia ficción, pertenecen ya al acervo cultural de este tiempo tomado de lleno por la tecnología; los empleamos como útiles inteligentes en las labores domésticas de cocina y limpieza, en los medios fabriles más diversos, para abaratar costes a cambio de cobrarse empleos, y en la ayuda al ser humano en sus versiones androide y zoomórfica, los robots sociales.

Figura 1.1. Robot industrial pionero (General Motors)

Definidos en su vertiente industrial como "máquinas de manipulación automática programable", los robots se han ido encuadrando en "generaciones", término tan socorrido tomado también de su relación con el ser humano. Aunque circulan diferentes listados de sus avatares evolutivos, el más usual es el que cita cuatro generaciones partiendo de la que irrumpió en las naves de montaje de la General Motors citada anteriormente:

Generación	Posibilidades
1	Capacidad para repetir tareas programadas
2	Puede captar información básica del entorno y actuar en consecuencia
3	Admite programación en lenguaje natural y tiene capacidad para planificar tareas
4	Actuación bajo el control de la inteligencia artificial. Visión artificial avanzada para identificar objetos y personas

Cuadro 1.1. Definición básica de las generaciones de robots industriales

Las siguientes generaciones que citan algunos tratadistas se caracterizan por poseer más inteligencia artificial, lo que redunda en el aumento de la autonomía y en la toma de decisiones en correspondencia con las situaciones captadas por sus sensores externos.

Nacidos como brazos articulados anclados al suelo, los primeros robots industriales aparecieron como dispositivos estructurados para repetir acciones de traslado de objetos de origen a destino y operaciones similares en el corto espacio. Confiarles tareas más delicadas dependía del aumento de la precisión de los componentes mecánicos y de su par: los servomotores, los ejecutores eléctricos de los movimientos bajo las órdenes de una unidad electrónica de control. Pronto se les uniría la inteligencia artificial, dando lugar a los robots inteligentes con capacidad para tomar decisiones. A esa condición se sumaba la posibilidad de poder abandonar la posición estática para moverse con autonomía por el entorno laboral. Entonces se les consideró poseedores de cuatro cualidades: productividad por su rapidez y trabajo sin descanso; flexibilidad por la posibilidad de cambiar de acciones en tiempos muy cortos; calidad por la limitación de errores y seguridad de las personas y los equipos a través de sus sensores de situaciones. Hoy, comercialmente, forman dos grupos: los de configuración en forma de brazos articulados, y los móviles, con o sin brazo, con sus diferentes medios de desplazamiento. De ellos se ocupan los siguientes apartados.

Características

Cualquier robot se define por un conjunto de características. En los industriales se pueden considerar fundamentales siete:

FORMA

Tipo de robot, que puede tener forma de brazo, vehículo o mixto. Configuración de su eje (polar, esférico, cartesiano...) y su longitud. Ciertas aplicaciones especiales obligan a otras formas constructivas.

EMPLEO

Esta característica se refiere a la labor principal para la que ha sido diseñado; el mundo industrial acapara un elevado espacio de necesidades. Puede tener condición autónoma, ser reprogramable, capacidad de unión con otros, etc.

ESPACIO DE TRABAJO

Definición en el espacio 2D o 3D del entorno operativo. El robot perimetra con sus sensores y establece coordenadas de posición, las que empleará después para llevar a cabo las órdenes recibidas.

CAPACIDAD DE CARGA

Se refiere esta característica a la máxima masa que puede soportar el brazo.

GRADOS DE LIBERTAD

Uno de los aspectos fundamentales de los robots corresponde a los grados de libertad (GDL) que admiten sus unidades móviles. Del número depende su capacidad para el desempeño de funciones complejas. Por razones obvias, afecta tanto a los destinados a la industria como a los de compañía y asistencia al ser humano, los llamados sociales.

Se define tal notación como el número de parámetros independientes que se necesitan para alcanzar una posición. Así, la ejecución de un acoplamiento mecánico básico entre dos elementos requiere un grado de libertad, y tres grados, si se produce en un cuerpo rígido situado en el plano. A modo de ejemplo, la morfología del cuerpo humano posee doscientos cuarenta grados de libertad. Algunos de los brazos robots industriales más vanguardistas del momento disponen de hasta dieciocho. En cuanto a los sociales, el último de la serie Asimo contaba con cincuenta y cinco repartidos entre cabeza, tronco y extremidades. Destacaba la gran habilidad que poseía en las manos para tomar objetos y en las piernas para caminar, incluso podía subir escaleras.

RESOLUCIÓN Y PRECISIÓN

Como medio con capacidad para acercarse a un objetivo y llevar a cabo una acción encomendada, la resolución es el espacio mínimo acotable que permite. Este valor puede verse afectado por un error que aleje el brazo del blanco. Es la presión en la ejecución expresada numéricamente con signo positivo o negativo (+/-) de acercamiento o alejamiento.

VELOCIDAD

Es la cuantificación de la velocidad que imprime su brazo alrededor de los objetos que forman su campo de acción.

Brazos articulados

Un robot de aplicación industrial se considera formado por tres grupos de componentes para su acción manipuladora. El fundamental es el brazo, compuesto por articulaciones y finalizado en la mano ejecutora. Forma un sistema polar de coordenadas con capacidad para describir movimiento de arriba abajo y derecha e izquierda. Puede ser polar, esférico o cartesiano. En su extremo externo se inserta la citada mano, el componente del brazo que adecua la unidad a la necesidad. Cambiar de mano y de reprogramación, es disponer el robot para otro cometido.

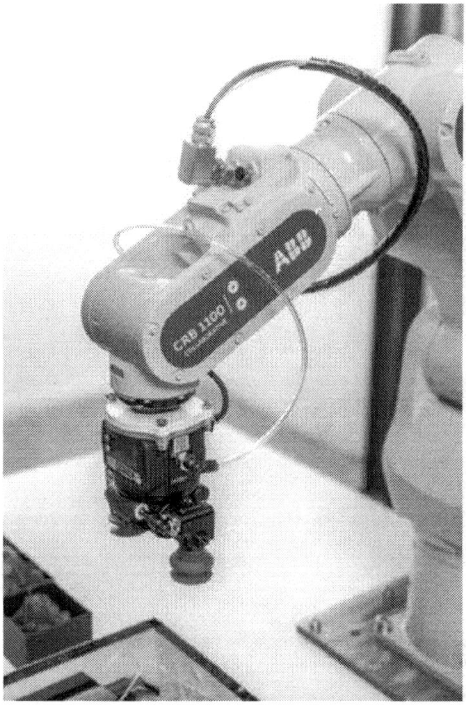

Figura 1.2. Brazo robótico de manipulación de piezas (ABB)

El segundo grupo del sistema automático de manipulación es la unidad de control, generalmente un armario con la electrónica necesaria para accionar los motores instalados en las articulaciones del brazo y el medio que alberga el programa informático de actuación. Puede disponer la unidad de una pantalla de ayuda a la configuración y de monitorización de las acciones que se llevan a cabo.

No son menos importantes los sensores destinados a proporcionar información de situaciones, el tercer grupo; son internos, de posición del brazo en cada grado de libertad, y externos, para perimetrar su entorno de acción a efectos de seguridad de las personas.

Cobot

Hasta bien entrada la primera década del presente siglo, la mayoría de robots industriales tenían condición fija y efectuaban operaciones autónomas repetitivas. Cambiar de tarea y de entorno de trabajo suponía una ardua labor de reprogramación por manos expertas y de reubicación. A finales del siglo pasado se presentaron algunas iniciativas para cambiar la situación. Son los cobot, robots versátiles y avanzados que están ocupando parcelas impensables para la robótica industrial convencional.

La palabra *cobot* se forma de colaborativo y robot. Son ágiles brazos articulados de tamaño pequeño a mediano, con diferentes ejes y grados de libertad, diseñados para interactuar con el ser humano, otra de sus grandes cualidades, ubicarlos donde proceda en cada momento y darles instrucciones de una manera sencilla con una simple tableta informática. Naturalmente, detrás del cobot se encuentra un sofisticado software que permite adecuarlo a cualquier tarea mediante tablas y gráficos que manejan sus operadores. Una particularidad añadida recientemente a los cobot es la comunicación entre unidades operativas para coordinar movimientos. La nube puede ser su almacén de datos y experiencias para su proceso de aprendizaje. En el capítulo dedicado a los robots sociales encontraremos esta misma aplicación.

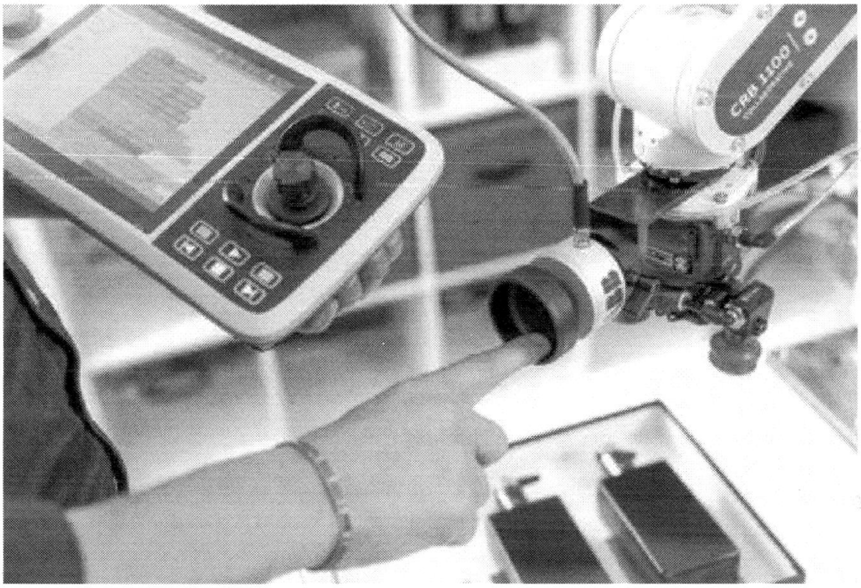

Figura 1.3. Robot cobot manipulado desde una tableta (CBR)

Robots móviles

Desde hace tiempo, la industria acariciaba la idea de disponer de robots móviles para el transporte entre puestos de trabajo o departamentos. La tecnología para hacerlos realidad, sin embargo, es vieja; el que suscribe se movió entre ellos en las naves de una importante industria japonesa en el lejano año de 1984. Acaso el precio, elevado, no ha justificado su producción industrial hasta el momento.

Son un producto intermedio entre los brazos articulados y los robots sociales. Dotados de movilidad mediante ruedas o cadenas tipo oruga, pueden incorporar brazos extensibles verticales y horizontales para desplazar mercancía entre origen y destino; por ejemplo, desde la superficie a la estantería señalada. Su medio de control es por radio y la carga eléctrica autónoma al dirigirse automáticamente a los puntos de suministro.

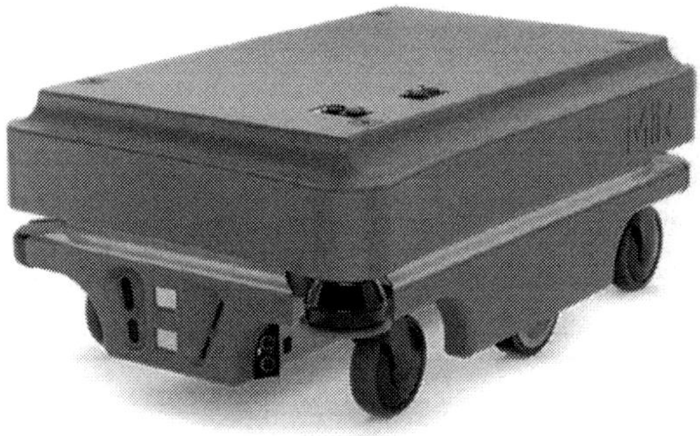

Figura 1.4 Robot móvil (MR)

2 LOS ROBOTS EN LA MEDICINA

Cuando se habla de los avances en la medicina, englobando su tronco fundamental, la farmacopea y las habilidades de los hijos de Galeno, se olvida con frecuencia lo que debe esa «técnica aplicada a la predicción, diagnóstico y tratamiento de las enfermedades» —la definición que da la RAE— a la electromedicina, a los complementos surgidos con la colaboración de la física y la electrónica, ciencias tan hermanadas. Hoy es impensable la ausencia de una caterva de coloridos y centelleantes aparatos junto a la cama del enfermo. Y si se trata de quirófanos, la imagen más acertada es la de las películas de ciencia ficción. Desconozco si es oportuno, pero me place relatar a los lectores que este autor, momentos antes de someterse a una operación a tripa abierta, disfrutó informando a los del bisturí y la bata verde del origen de buena parte de los equipos presentes que ayudarían al éxito de la intervención. La templanza no se debía al valor sino a la confianza, tanto en las manos humanas como en las artificiales.

Rayos desconocidos

La radiología fue uno de los primeros grandes avances. Los rayos X, bautizados así por desconocimiento de su naturaleza, pueden penetrar en el tejido humano e impresionar una película con la imagen representativa de la densidad de la materia rígida. Dieron la cara para la medicina un día de primeros de noviembre de 1895. W.C. Röntger, físico alemán, experimentaba los efectos de esa radiación cuando su esposa puso accidentalmente la mano sobre una placa de cartón recubierto de cristales de platino y cianuro de bario y se vio por primera vez, sin la intervención del bisturí, el esqueleto de la mano. El descubrimiento corrió como la pólvora; observar el interior del cuerpo humano para analizar su estado abría posibilidades fuera de la imaginación de los médicos.

El fluoroscopio

Si el descubrimiento asustó a Röntger, que se negó a continuar para darle utilidad fuera del laboratorio, no asustó al sagaz Edison, al otro lado del Atlántico. En pocos meses construyó un modelo comercial en la empresa General Electric, que compartía con el banquero J. P. Morgan. Mejorado por haber encontrado el inventor otros materiales más sensibles para la placa de impresión, presentó su fluoroscopio en la Feria de la Luz, en 1896 (su lámpara eléctrica, la famosa "bombilla", ya gozaba de casi veinte años de vida). La expectación alcanzó cotas de delirio; acceder a la estructura ósea del ser humano, escondida bajo la epidermis, no era un descubrimiento cualquiera. Cuentan las crónicas que algunos asistentes, creyendo estar en manos del diablo, se persignaban en señal de sumisión a Dios. Aquello tuvo dos consecuencias: la rápida expansión del equipo por hospitales y clínicas de todo el mundo y una primera víctima mortal. Un empleado del aguerrido inventor falleció poco tiempo después por las quemaduras que sufrió al introducir muchas veces la mano en el equipo para demostrar las posibilidades de los rayos desconocidos.

La robótica entra en el juego

Era previsible. La precisión alcanzada por la robótica amenazaba la habilidad y el pulso del más diestro cirujano. A esa condición de la mecánica se unía la elevada resolución en 3D de los captadores de imagen. Los brazos articulados llevaban muchos años demostrando su destreza en la soldadura de cientos de terminales eléctricos en unos pocos milímetros de los microchips cuando nació Da Vinci, en el año 2000. Surgía la cirugía robotizada, un medio para potenciar las capacidades de los profesionales del corte y cosido de tejido humano.

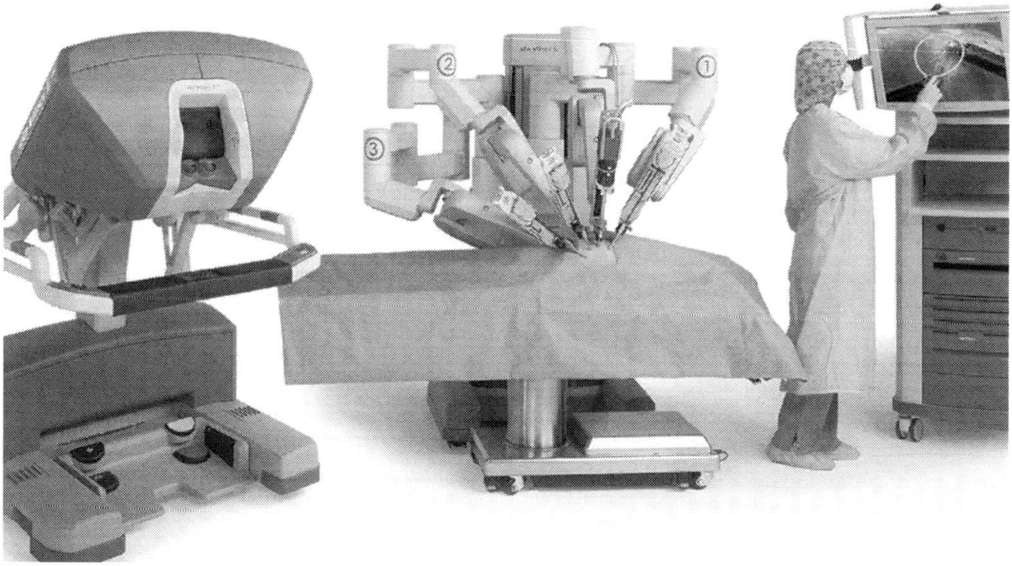

Figura 2.1. Robot quirúrgico Da Vinci (Surgical Robotics)

Cuando estuvo desarrollado y se imponía darle nombre comercial, alguien recordó al genial toscano, el primero en desarrollar un humanoide con capacidad para el movimiento (ver capítulo 6). Da Vinci es un robot quirúrgico que permite a los profesionales operar desde una consola de control y observar el proceso en una pantalla de alta resolución de visualización tridimensional. Evita así los posibles temblores en la manipulación, perfecciona los movimientos y limita los errores durante el tiempo de intervención. Con la elevada precisión adquirida en las aplicaciones industriales, sus brazos, unidos al útil a modo de mano adecuado a cada circunstancia, que instala el personal de apoyo, siguen fielmente las indicaciones del cirujano en todo el proceso de intervención en el quirófano. El medio consta de tres unidades:

1. Una consola de control para el cirujano desde la que, sentado, mueve los brazos de ejecución.
2. Un carro con mecanismos de anclado con cuatro brazos en los que se acoplan los instrumentos quirúrgicos necesarios para cada intervención.
3. Un sistema de visualización tridimensional sobre los ojos del cirujano.

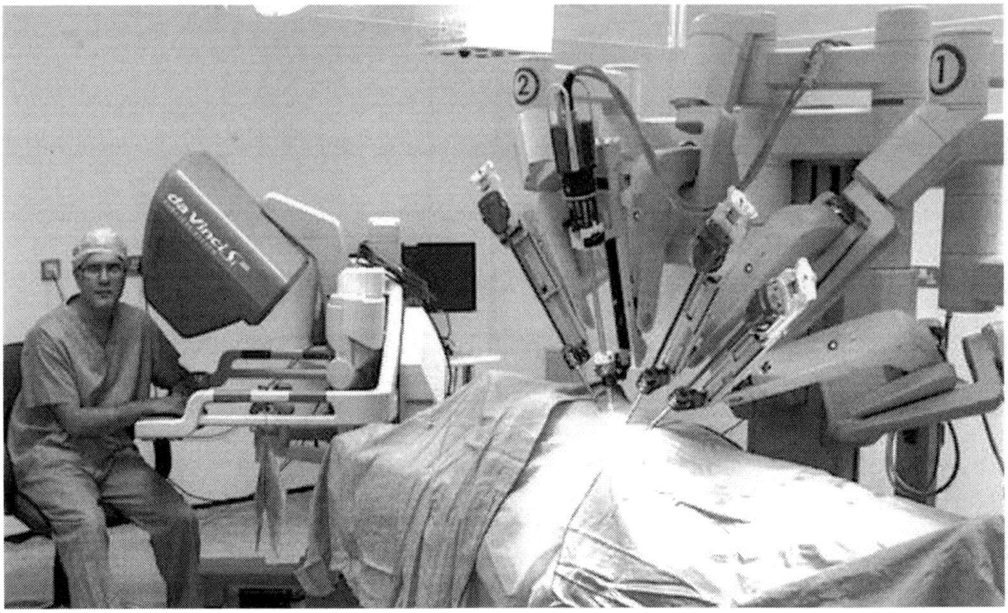

Figura 2.2. El robot Da Vinci en una intervención quirúrgica (Surgical Robotics)

Robots en la sanidad

Inconfundiblemente, los robots se han adentrado con propiedad en las tareas sanitarias más diversas. Aunque ocupa el trono el citado robot cirujano Da Vinci, la joya tecnológica de los quirófanos, sin embargo, en el aspecto social, circulan por entornos particulares y asistenciales dos grupos de robots con funciones y prestaciones muy diferentes a las de este: los sociales de ayuda a pacientes con cuadros clínicos generales y los que se dedican a la asistencia en centros de atención a afectados por quebrantos emocionales y cognitivos. Es la Roboterapia, que será tratada con atención en el capítulo 9.

En el entorno privado del hogar o de las residencias, los robots pueden ejercer de enfermero en determinadas circunstancias, sin que nada asegure por el momento que sustituyan a los profesionales; son un medio de ayuda bajo la atenta mirada de los facultativos. Se emplean en el estudio del comportamiento y las emociones humanas ante ciertas acciones provocadas de los robots. Como ejemplo se citan a continuación dos modelos que buscan desarrollar sus posibilidades en esta área de la sanidad:

ROMEO

Iniciado el proyecto en 2009, el robot Romeo, de configuración bípeda, es fruto de largos años de investigación. Es de la saga de los conocidos Pepper y Nao, se verán en el capítulo 6, de los que ha tomado su experiencia y desarrollo tecnológico.

Aunque no es la única utilidad que se le asigna, Romeo, un humanoide de rostro suave, aniñado, dirige su destino a un mercado que promete cifras espectaculares en los próximos años: la asistencia a mayores con movilidad reducida y dependientes de atención y cuidado. Su tamaño es de 1,46 metros, mayor que sus dos "hermanos", y su peso de 40 kilos. Con treinta y siete grados de libertad, de los que dos son para los ojos, uno para cada pie y tres para la columna vertebral, formada por cuatro vértebras. Camina hacia sus asistidos, entretiene, se comunica con un lenguaje natural, abre puertas, toma objetos para depositarlos en el destino y ayuda a levantarse.

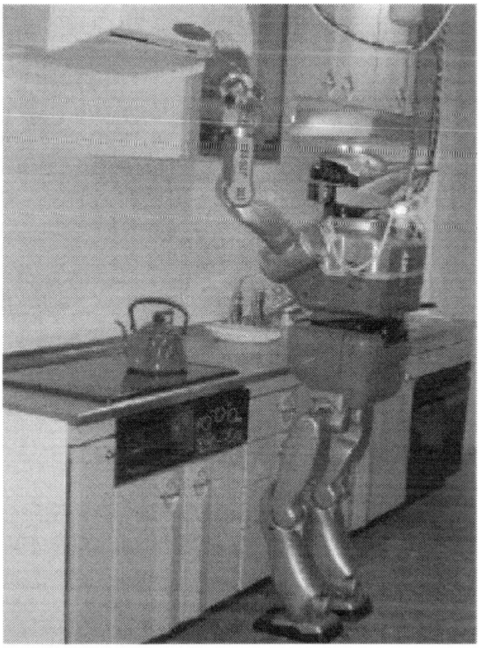

Figura 2.3. Robot Romeo (SoftBank)

RIBA

Conforme a su acrónimo, formado por las siglas *Robot for Interactive Body Assistance*, el robot de Riken, un instituto japonés de investigación en ciencias naturales, se diseñó con claros criterios de empleo como enfermero. A lo habitual de los robots sociales se une su capacidad para ir a la habitación del convaleciente y atenderlo, incluso transportarlo en brazos al punto de destino marcado, con un límite de 80 kg de carga. Con la experiencia diaria aprende rutinas y las ejecuta como un profesional. Mide 1,37 metros, con 82 centímetros de anchura corporal, y pesa 230 kg. Cada brazo cuenta con siete grados de libertad para facilitar la manipulación como un humano. Otros tres ofrecen su cuello, y dos, con gran ángulo de movilidad, la cintura.

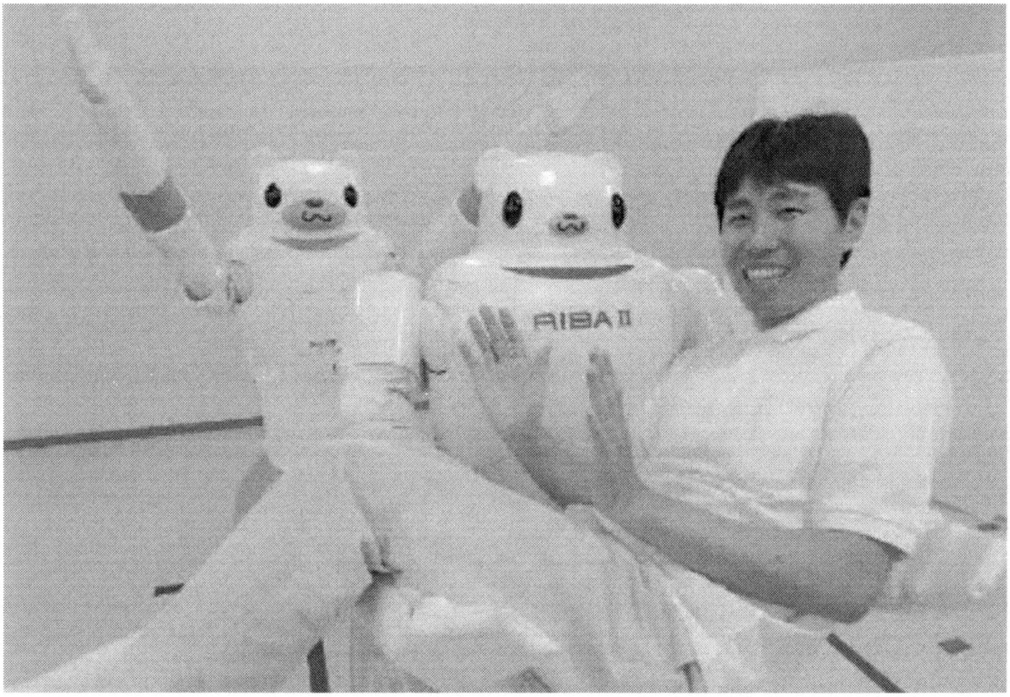

Figura 2.4. Robot enfermero Riba (Riken)

3 LOS ROBOTS EN LA INVESTIGACIÓN ESPACIAL

El día 17 de noviembre de 1970, a las 3:47 UTC, alcanzaba la superficie lunar la nave soviética Luna17. Había sido impulsada por un misil desde el cosmódromo Baikonur, el mayor embarcadero del espacio. Cerca de tres horas después descendía su único ocupante: el robot Lunojod1. Sus ocho ruedas serían las del segundo ser extraño en pisar su suelo, después que lo hiciera, un año antes para izar su bandera y tomar posesión cual moderno Cristóbal Colón, el norteamericano Neil Armstrong. La robótica, uno de los múltiples brazos de la tecnología, tomaba parte en la exploración del espacio sustituyendo a un ser humano. Como anécdota, cuarenta años después el robot fue localizado sano y salvo por un satélite de la NASA.

Figura 3.1 Robot Lunojod1 (NASA)

Figura 3.2. Robot explorador MER-B (NASA)

La misión del ingenio lunar no era otra que explorar y tomar fotografías para enviar a la Tierra. Lo hizo durante trescientos días, durante los que recorrió 10 km de su suelo. Con una envergadura de 2,3 metros y un peso de 700 kg en origen, transportaba cuatro cámaras de vídeo, un espectrómetro y detectores de rayos cósmicos, entre otros útiles científicos. Un módulo fotovoltaico asociado a una batería le facilitaba la energía eléctrica necesaria.

Robots exploradores

Los denominados exploradores, o "rovers", son vehículos del tipo todoterreno que se envían a misiones espaciales para reconocer el terreno, tomar muestras de lo que encuentran y retransmitir imágenes y datos. Hasta aquí, como la versión anterior. Sin embargo, a los exploradores los diferencia su configuración como auténticos laboratorios autónomos con capacidad para soportar condiciones atmosféricas adversas, especialmente de temperatura, y para trabajar sin descanso. Incorporan las últimas novedades en tecnología —la que después se verterá en la industria mediante acuerdos de cesión—, sensórica y en cámaras panorámicas y térmicas. A la Luna, su primer destino científico, le ha seguido Marte, el planeta más próximo a la Tierra candidato a albergar agua y minerales útiles para nuestra existencia. En la superficie marciana se ha paseado un buen número de robots exploradores. Uno de los más longevos es MER-B (Mars Exploration Rover), vehículo que plantó sus seis ruedas en suelo marciano el día 25 de enero de 2004 y que se mantuvo en activo hasta 2018, después de soportar múltiples tormentas de polvo. Se supone que el cese de la actividad fue provocado por el crecimiento de la capa de polvo que se fue depositando sobre sus paneles solares. En 2014 se registró el mayor desplazamiento por la especie marciana: 45 km.

El novedoso MER-B descendió desde la cápsula trasportadora mediante un paracaídas, la solución empleada en las misiones al espacio. Buscaba rocas que dieran indicio de existencia de agua en el pasado, análisis de los procesos geológicos generales del planeta y posibilidades para la vida. Su dotación era considerable: una cámara panorámica en color, un microscopio para obtener vistas de las rocas, un espectrómetro para analizar las condiciones de la mineralogía, un espectrómetro de rayos X para determinar los componentes de las rocas, una herramienta de abrasión para perforar el suelo y un detector de las condiciones del polvo en suspensión.

Robots astronautas

Se sospechaba, desde que los componentes mecánicos y electrónicos alcanzaron la madurez suficiente para dar vida a un cuerpo artificial, de fibra, la posibilidad de réplica del ser humano. En realidad, se sospechaba que los humanoides, inspirados antropomórficamente en el hombre, alcanzarían todas las labores de la estirpe que los había generado de tanto hurgar en la ciencia. El imitante por naturaleza se imita a sí mismo.

Robonaul 2, un proyecto de la NASA en colaboración con General Motors, está considerado como el primer ingenio artificial en encaramarse a la Estación Espacial Internacional (ISS, en inglés) para experimentar su destreza en tareas peligrosas, como son las salidas extravehiculares destinadas a la reparación y el mantenimiento de la nave. Dotado de brazos especialmente ágiles y de manos con cinco dedos, aunque no de piernas, Robonaul 2, o R2, compartió asiento con los humanos en la cápsula adosada al Discovery en el trigésimo noveno y último vuelo del lanzador estadounidense, antes de pasarle el testigo del trasiego Tierra-ISS a la base rusa de Baikonur. Era el 22 de agosto de 2011. Poco tiempo después regresó para ser reparado en tierra. La experiencia había sido fructífera. Ya nada los detendría. El 22 de agosto de 2019 un cohete Soyouz trasladaba a la ISS a otro intruso, este de cuño ruso: el robot Fedor (Final Experimental Demostration Object Research). Con 1,8 metros de envergadura y 180 kg de peso, Fedor mantuvo el tipo en la estación durante diez días, lo previsto en la misión con el mismo propósito que el anterior: analizar la viabilidad de los humanoides en las misiones al espacio. Pero esta experiencia con un humanoide, un bípedo, dejó una inquietud de la que ya nadie duda: ¿Serán los robots los próximos astronautas? Al menos en el medio plazo, el polvo de Marte no será levantado por pies humanos.

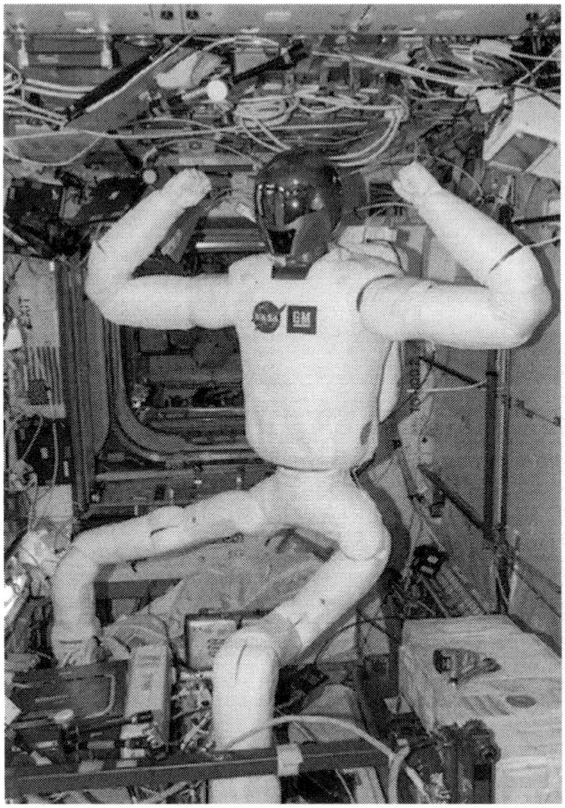

Figura 3.3. Robonaul (NASA)

Ayudantes de cocina

No se ha encontrado otra definición mejor para la nueva estirpe de robots espaciales que refleje información y una pincelada de ironía, acaso para espantar la frialdad de la tecnología.

Corresponde a la última aplicación encontrada en la robótica inteligente, por la que corren los algoritmos de la inteligencia artificial por sus circuitos, para actuar en el espacio; como asistente de campo de los astronautas. CIMON (Crew Interactive Mobile Companion) es un desarrollo de la compañía de aviónica europea Airbus en colaboración con IBM. El "compañero interactivo", uno de los apelativos que ha recibido, demostró sus habilidades en convivencia con los humanos durante los días 4 de octubre al 20 de diciembre de 2018, el espacio de tiempo de la misión cincuenta y siete de la ISS.

Poco más grande que una pelota y con 5 kg de peso, CIMON es una herramienta empática e inteligente destinada a estudiar la relación de los robots interactivos (reconoce mil palabras) con los humanos. El proyecto pone el acento en la utilidad de las máquinas pensantes en entornos de soledad, como la que se siente en el espacio. La unidad se desplaza por la nave, de la que guarda en su memoria los planos del espacio asignado, con la tecnología de los drones. Como sus hermanos los robots sociales presentados en los capítulos posteriores, CIMON identifica a las personas por la imagen y la voz, detecta las emociones del rostro del interlocutor y pone en juego artificios de empatía.

Robonaul y CIMON son dos experimentos en apariencia contradictorios porque si el primero se encuentra en vías de sustituir a los astronautas humanos, el segundo no tiene sentido. Dos opciones que el futuro inmediato dilucidará. Como en la teoría de Darwin, quedará el más capaz, aunque todo apunta a que los huéspedes de los futuros viajes serán robots; no hay nada que hoy no puedan hacer en una nave espacial, incluso la toma de decisiones en momentos críticos. Para los largos viajes, ya tienen el pasaje asegurado.

Figura 3.4. Robot asistente CIMON interactuando con el astronauta Alexander Gerst (Airbus)

4 LOS ROBOTS EN MISIONES PELIGROSAS

11 de marzo de 2011, 14:46. La central nuclear de Fukushima recibe el impacto del tsunami producido por un terremoto de escala nueve desatado en el mar, a 130 km de la costa. Olas de 40 metros. El desastre. Nadie puede acercarse a su vasija para desactivar la carga de uranio y evitar, o al menos limitar, el vertido. Los robots de hoy sí hubiesen podido. Una nueva tarea a las espaldas de los ingenios mecánicos inteligentes: las misiones peligrosas o arriesgadas. El recubrimiento de titanio, junto con los componentes electrónicos y electromecánicos y las baterías con capacidad para soportar altas temperaturas y tensiones mecánicas bruscas, están creando un nuevo tipo de robot para actuar allí donde le está prohibido hacerlo al ser humano.

Robots en el fuego

Atlas es un diseño de la pionera Boston Dynamic fechado en 2013, aunque con versiones mejoradas sucesivas. Es un robot destinado a operaciones de emergencia, rescate y similares. Bípedo, con gran capacidad de carga, 28 grados de libertad y visión estereoscópica, cuenta con extremidades accionadas mediante procedimiento hidráulico, lo que le facilita movimientos violentos, incluidas las volteretas y poder saltar sobre peldaños de hasta cuarenta centímetros. Mide 1,8 metros y pesa 150 kg. Su revestimiento es de aluminio y titanio, lo que le confiere capacidad para soportar elevadas temperaturas. Se alimenta con una batería de litio.

Figura 4.1. Robot Atlas, para misiones arriesgadas (Boston Dynamic)

No es el único. Las nuevas posibilidades al amparo del desarrollo tecnológico han creado un catálogo de la nueva "especie". Otro desarrollo de Boston Dynamic es el robot zoomórfico Spot. Es un cuadrúpedo diseñado para moverse a 1,6 m/s por terrenos difíciles y con temperaturas extremas. Puede emplearse como medio de inspección a través de su cámara con giro de trescientos sesenta grados o bien destinarlo a recoger objetos en situaciones peligrosas.

Figura 4.2. Robot cuadrúpedo Spot (Boston Dynamic)

Robots en la construcción

La construcción lleva tiempo sirviéndose de los robots, inicialmente para tareas difíciles por acceso o peso y después como mano de obra continua y económica. Irrumpieron en el sector como variante de los brazos articulados empleados en la industria. La dinámica no era muy diferente: trasladar objetos y posicionarlos conforme a su programa residente. La figura 4.3 muestra un ejemplo de brazo en la construcción de un tabique. Una vez perimetrado el espacio, el brazo robot puede poner múltiples filas de ladrillos en una sesión continua hasta la finalización, momento en el que puede ser trasladado a otra tarea con la única intervención del cambio de programación.

Figura 4.3. Brazo robot para la construcción (MULE)

El robot antropomórfico modificó la situación. El robot social, del que deriva, llevó la robótica a lo que sus promotores, sin rubor, llaman robot albañil. No sorprendió a nadie: a cada paso de la tecnología se han ido encontrando sorprendentes e inauditas utilidades.

El "albañil" más popular del momento es HRP-5P, una creación del organismo de desarrollo industrial nipón AIST (Instituto Nacional de Ciencia y Tecnología Avanzada). Vio la luz en la segunda mitad de 2018. Los creadores lo justificaron por la escasez de mano de obra que sufre el país del Trono del Crisantemo. Con sus 1,82 metros de estatura, una medida inusual en el japonés, y 101 kg de peso, puede efectuar cualquier trabajo en el entorno laboral de la construcción o montaje industrial. Recurre a efectuar un mapa en 3D de la zona de trabajo asignada y a identificar los obstáculos para sortearlos. Después ejecuta las órdenes. En la figura 4.4 se muestra desplazando un tablero.

Figura 4.4. Robot HRP-5P en acción en el entorno de la construcción (AIST)

Para imprimirle todos los movimientos que requiere la laboriosa aplicación, HRP-5P cuenta con una sorprendente cantidad de grados de libertad: 37, que se encuentran distribuidos del modo que se indica en el siguiente cuadro:

Cuello	Cintura	Brazos	Piernas	Manos
2	3	2 x 8	2 x 6	2 x 4

Cuadro 4.1. Grados de libertad del robot HRP-5P

Las articulaciones de la cadera, para flexionar y extender las piernas, tienen un radio de 202°, lo que contrasta con los 140° del ser humano. También la cintura, para movimientos de la parte superior del cuerpo, le permite giros imposibles para los seres a los que pretende suplantar: 300° frente a los 80° del humano. ¿Nos supera? En fuerza bruta parece que sí.

5 ROBÓTICA EDUCATIVA

La incuestionable condición de convivencia del ser humano con los robots se manifestó hace dos décadas con la entrada en la escuela, desde Primaria, de mecanismos de robótica para montar. No se trataba de iniciativas aisladas de los profesores sino de sólidos planes institucionales: los robots como puzles de juego y formación. «Aprender ciencia y tecnología jugando», era el estandarte de la nueva disciplina, que los chavales acogieron con júbilo. Tres son hoy las tareas que ocupan los robots en el entorno de los centros de enseñanza.

Robótica en la educación básica

En la enseñanza básica, desde los primeros pasos, la robótica se manifiesta mediante montajes elementales tipo "lego", para ir avanzando en la construcción de unidades motrices controladas desde un sistema informático (tableta o pc). El inmenso catálogo de componentes del mercado facilita los montajes más diversos, desde los simples mecánicos a los robots con rasgos inteligentes en cuanto a toma de decisiones en correspondencia con las situaciones detectadas.

Figura 5.1. Robot educativo con sensores de ultrasonidos para calcular distancias (Cutebot)

Unido a la necesidad de familiarizarse con el mundo robótico de su tiempo, los nativos digitales adquieren, con su manipulación y montaje, desarrollo del lenguaje técnico, dominio de las habilidades motoras, creatividad y pensamiento crítico y capacidad para el trabajo en equipo. Se parte de un proyecto y se diseccionan sus partes hasta el ensamblado y comprobación final. Las disfunciones que se producen en el camino dan lugar a avivar el pensamiento lógico para deducir los puntos de interrupción y la metodología con que superar las dificultades. «Participar en la creación es robustecer el edificio emocional del estudiante», dicen los expertos.

Figura 5.2. Estudiantes participando en un proyecto (Asociación de Robótica Educativa)

Las destrezas, a examen

Para fomentar la creatividad se ha recurrido a uno de los procedimientos más antiguos y eficientes: la competición. La Asociación de Robótica Educativa, en España, y en el ámbito internacional la World Robot Olimpiad (WRO), con su primer encuentro en 2004, en Singapur, y la Robocup, centrada en robots jugadores de fútbol, son algunos ejemplos de la importancia de la robótica en la formación de los jóvenes.

Figura 5.3. Torneo de fútbol organizado por Robocup

Los robots como ayudantes del profesor

Unos determinados robots sociales se están enfocando a la enseñanza, o al menos a ayudarla. Cumplen esa función desde edades tempranas hasta la enseñanza superior. Son denominados, por configuración y posibilidades, educativos o pedagógicos; unidades dotadas de software específico orientado a la atención combinada con el entretenimiento y la ayuda en determinadas asignaturas. Se presentan bajo las más diversas formas constructivas.

«Con muchos alumnos, el profesor necesita asistencia», pronostica con la vista puesta en los robots Martin Hamilton, doctor, experto en planes de estudios de la ISC *(Information System Committee).* No es el único en mirar hacia los robots como ayudantes. Se están produciendo numerosas experiencias en los primeros estudios y en universidades; el robot como asistente del profesor. Y en ellas, en todas las edades, se ha advertido una paradoja seguida de una inquietud: los robots reciben de los alumnos más atención que el docente titular. En los pequeños se achaca a que los asocian con los juguetes y en los mayores por la sorpresa y la curiosidad de observar a una máquina de aspecto androide contestando sin titubeos a todas sus preguntas. En el colegio Paul Bert, de Poitiers (Francia), el robot Nao enseña gramática francesa. Se recurre a reproducir un vídeo sobre el tema del día y a hacer preguntas y Nao a contestar a las dudas de los alumnos. ¿Nos sustituirán?, se preguntan los profesores. Es el interrogante que nos acompaña como la sombra. Sí, si se dan por ciertas las palabras del científico británico Stephen Hawking: «La inteligencia artificial acabará con el empleo de los humanos». Un jarro de agua fría. Confiemos en que sea el único error del brillante astrofísico.

Figura 5.4. Robot Nao simulando una clase (Aldebarán). Mide 58 centímetros y pesa 5,6 kg. Tiene lenguaje corporal y facial. Memoriza rostros y detecta emociones. Dispone de 25 grados de libertad (dos en la cabeza, cinco en cada brazo, uno en cada mano, cinco en cada pierna y uno en la cadera)

Los robots en las ingenierías

Las ingenierías técnicas son la madriguera natural de los desarrollos. Se investiga y se forman ingenieros. Mecánica, electrónica y software configuran el triángulo en el que florecen los robots. Después, la politica abierta de la universidad pública completa su labor social al transferir a la industria sus logros. Pequeñas y grandes industrias pueden acometer proyectos con sus propios medios y poner en el mercado continuas aplicaciones. También alrededor de esta tendencia, en continuo crecimiento, ha surgido una industria auxiliar especialmente dedicada a la elaboración desde productos para el revestimiento corporal y facial de los robots, cuya exigencia es la suavidad al tacto y la rigidez, hasta la mecánica de precisión, para la motricidad, y al software, lo que facilita la expansión de las aplicaciones prácticas. Como curiosidad, para el revestimiento destaca la nanotecnología de los nuevos materiales destinados a obtener siliconas, epoxi y fibras, tejidos sedosos y resistentes. En el apartado de software, despunta el desarrollo de tablas de contenidos para labores escolares y lúdicas y las destinadas a la compañía y atención a las personas mayores, las dos utilidades más notables de los robots sociales.

6 LOS ROBOTS SOCIALES

Cuando se encontraron posibilidades para la comunicación hombre-robot en el lenguaje natural del primero, se procedió a revestir los mecanismos de los segundos con una falsa piel de humanoide siguiendo la estructura antropomórfica, y el nuevo invitado recibió el nombre de robot social. Desde entonces es un persistente —y empático— candidato a acompañarle en los avatares de su vida personal y, dando un paso más, en la profesional. Comencemos por sus inicios, cuando era solo una idea.

Antecedentes

La relación del hombre con su réplica no es reciente, no la ha despertado la tecnología del siglo XX, aunque sí la ha materializado siguiendo los rastros dejados por la tradición oral y escrita. Primero fue el cuerpo, la parte más fácil, y después el intento de imitar su capacidad mental. La huella del humanoide imaginado, soñado por todas las culturas, hunde sus raíces en los más alejados periodos de la existencia del ser humano. Jugar a semidioses, suplantarlo con la dócil y cómplice imaginación en los inicios y con las manos de la ciencia más tarde, debe encontrarse oculto en el ADN de la especie como sólido poso de ciclos remotos. Se tiene constancia de que los conatos se han sucedido en todas las latitudes del planeta. Han ocupado apariencia andrógina, zoomórfica y las más variadas formas del culto a la fantasía. Resucitar lo que relatan los viejos documentos daría lugar a un texto voluminoso ajeno al propósito de este. Basten unas pinceladas de lo más sabroso de los antecedentes para situar el inicio de los robots sociales, los que tantos dan ya por seguros compañeros del hombre. Los primeros indicios los encontramos en la mitología, especialmente la griega, siempre presente en el pensamiento, en los deseos de elevar su condición de simples mortales, siempre pendiente del siguiente peldaño de una escalera sin final.

MITOLOGÍA

En *Dioses y Robots*, la historiadora de la ciencia, Adrianne Mayor, nos adentra en los relatos de la extensa mitología de cuño griego acerca de seres animados construidos por los dioses para sus fines particulares. La profesora británica sitúa a Tabos en el pedestal de rey de los robots de la Antigüedad, sin que en aquellos lejanos tiempos se empleara esta palabra, reservada a los albores de la tercera década del siglo XX.

La escritora no exagera en su apreciación: Tabos fue un ejemplar de leyenda que alentó a muchos narradores posteriores a apoyarse en sus virtudes y defectos, porque de ambos tenía, para conferirle un carácter real, de símil de un humano. Todos los del pasado lo dibujaron como una estatua gigante, de bronce, fuerza descomunal, condición infatigable y fiel a las órdenes del padre. Tras las lecturas de sus gestas, el neurólogo y profesor Minsoo Kang (Seúl, 1967) dijo que era «una criatura viviente». Lo creó por encargo Hefesto, un dios de segunda clase ocupado de la forja. El objetivo era defender la isla de Creta de visitantes indeseables. El ser animado recorría tres veces al día el perímetro de la tierra minoica para preservarla de invasiones. Un día se le presentó la oportunidad de actuar y medir sus fuerzas. Se produjo cuando Jasón y los argonautas pretendieron desembarcar en la isla para aprovisionarse de agua tras obtener el vellocino de oro. Tabos lo impidió arrojándoles desde la montaña piedras de un tamaño imposible para los seres humanos. Pero ¡ay!, tenía un lado flaco, a imagen y semejanza de los humanos que le dieron vida con la pluma: el talón. Una herida ocasionada con un clavo lo llevó a su final. El clavo de su perdición lo extrajo a la menor oportunidad su eterna enemiga, Medea. Cansada de su protagonismo, deseando ser la única con poderes sobrehumanos en la isla, la hechicera consiguió mediante ungüentos hacerle creer que si se retiraba el clavo, se convertiría en un ser inmortal, el sueño de todos, naturales y artificiales. Y Tabos pereció. Era necesario matarlo para redondear la historia. Siglos después, en 1958, el ejército estadounidense, recordándolo, le dio su nombre al nuevo misil guiado tierra-aire que surgió en sus cocinas de guerra.

El poeta romano Ovidio agregó otra sabrosa pincelada en la creación de seres artificiales animados. Narró con pluma de ángel que el escultor Pigmalión creó una estatua tan bella que acabó enamorándose de ella, hasta el punto de hacerle el amor. Galatea era su nombre, como la novela de Miguel de Cervantes y como el cuarto satélite de Neptuno descubierto por la nave *Voyager 2* a finales del siglo pasado. Pero la historia de Pigmalión acabó bien, el criterio del romano, acaso para diferenciarse de los griegos: con el desbocado amor que le profesaba y la ayuda de Afrodita, la efigie salida de sus propias manos cobró vida y el creador pudo casarse con ella.

Dando un salto de más de dos milenios encontramos otra leyenda, también presente en la literatura en sus mil formas interpretativas. La escena se desarrolla muy lejos del Mediterráneo de Tabos y de Pigmalión, en la Praga medieval del siglo XVI. Asustado por los acontecimientos, un rabino decidió crear un ser animado de gran fortaleza con el que defender el gueto, en asedio continuo bajo la grave acusación del asesinato de un niño cristiano. La salvación solo podría llegar encontrándolo. El habilidoso maestro lo construyó alto, robusto e infatigable. Se desconoce si conocía alguna de las leyendas de Tabos. El samaritano rabino empleó barro y arcilla extraídos con sus propias manos de las orillas del rio Vitava, más conocido por Moldava. Cuando lo tuvo delante alzó los ojos, sonrió de satisfacción y le dio nombre: Gólem (materia). Y sin dilación le confió la tarea de buscar a la criatura desaparecida. Gólem asumió el empeño y, con la sonrisa en sus resecos labios, partió dando grandes zancadas. Poco después regresaba con el niño entre sus fuertes brazos. La comunidad judía estaba a salvo. Pero, moraleja, en su fiebre constructora, al rabino se le olvidó dotarlo del habla y no pudo contestar a la pregunta acerca del paradero de la criatura. Oportunidad más tarde para Jorge Luis Borges, que presumía de su origen sefardita: el argentino le dedicó un poema llamando a Gólem «aprendiz de hombre». Un punto de humanismo en la fría tecnología.

EL HOMBRE MECÁNICO

El hombre mecánico es la referencia que tenemos del pasado más próximo al robot autónomo de hoy. Se desconoce si el desarrollo fue teórico o alcanzó la materialización. Pero, al margen de la duda, el dispositivo cumplía con su propósito de humanoide, como se demostró en su momento. La historia del mecanismo animado guarda una grata similitud con la máquina de cálculo analítico del profesor Charles Babbage y Ada Byron, la jovencísima hija del bardo inglés, autodidacta, construida en el año 1837, casi cuatro siglos después y abandonada por imposible: cuando la tecnología que necesitaban había madurado lo suficiente, ambos proyectos, adelantados a su tiempo, se reconstruyeron y funcionaron según los planes de los creadores, separados por tres largos siglos.

El hombre mecánico es un erguido ingenio dotado de armadura guerrera, acaso el signo de su tiempo. Fue creado por la mente prodigiosa del hijo ilegítimo de una bella y pobre campesina y un encumbrado y amantísimo padre de familia, de oficio hacendado y notario en la Toscana, su tierra. En la pila bautismal recibió el nombre de Leonardo di Ser Piero, pero pronto sería más conocido como Leonardo da Vinci.

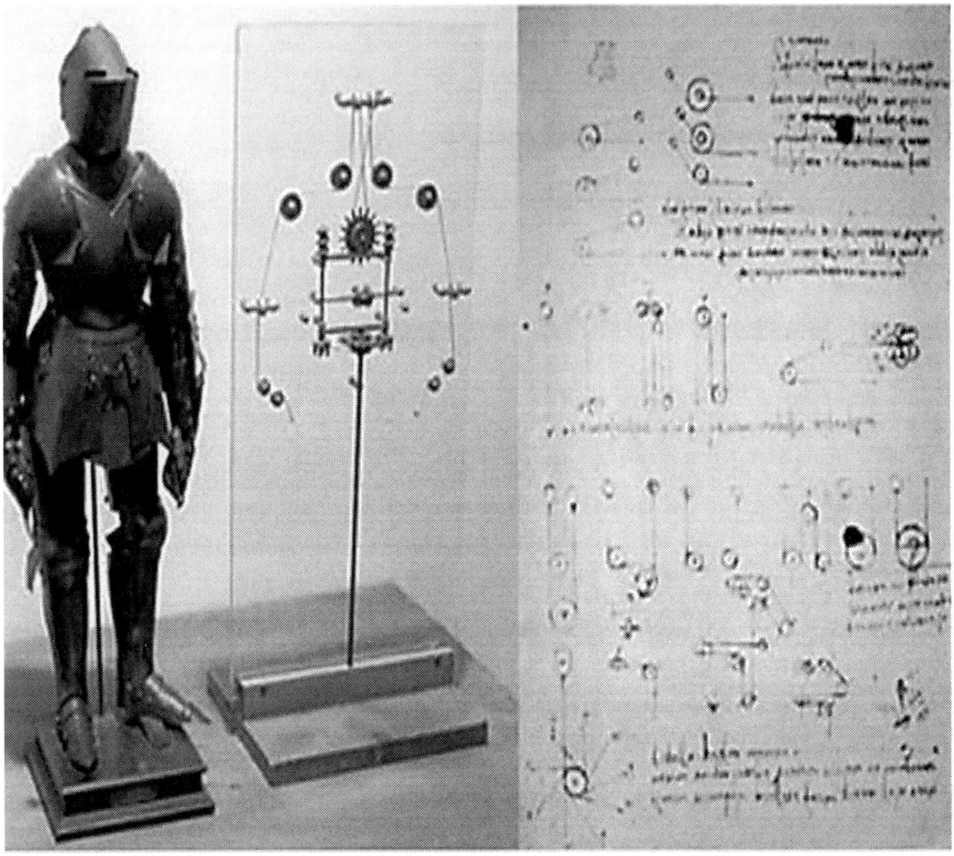

Figura 6.1. El hombre mecánico de Leonardo da Vinci (Revista *Xataka*)

No asombró cuando se halló, en 1957, el códice que albergaba los dibujos del desarrollo. Lo desempolvó el historiador y profesor de Historia del Arte Carlo Pedretti. El tesoro se encontraba perdido entre los abarrotados y olvidados anaqueles de una biblioteca de legajos en hibernación de la ciudad de Milán, donde el artista universal estuvo refugiado temporalmente de la ira de sus perseguidores. Era un voluminoso y bien conservado ejemplar (en 1964 se encontraron otros dos en la Biblioteca Nacional de España, llegados en tiempos de Felipe II) que sacaba a la luz un invento insospechado del genial Leonardo, el "hombre universal", llamado así por sus saberes y destrezas en todas las direcciones del pensamiento. Se trataba del insólito diseño de un robot de aspecto humanoide. Los dibujos encontrados reflejan con claridad que el guerrero podía mover sus articulaciones mediante un ingenioso conjunto de poleas.

En el año 2002 Mark Rosheim, ingeniero de la NASA y seguidor del genio toscano, procedió a construir el hombre mecánico reproduciendo en madera las levas y los engranajes que figuraban en los planos encontrados por el profesor Pedretti. Funcionó: aquel ser artificial imitaba los movimientos del esqueleto humano. Torso, brazos, piernas, cuello y mandíbula cobraban vida, incluso podía sentarse y andar. En 2012 se dio un paso más. Otro seguidor de Leonardo, Mario Taddei, experto en diseño industrial, abordó en profundidad todas las ilustraciones del códice y le agregó nuevas funciones. Desde entonces es una referencia real, un diseño ajeno a la mitología y a las leyendas.

A vueltas con la palabra robot

La ciencia ficción de la claqueta y la pluma, bebiendo ambos medios de su fantasía, y el desconocimiento de la trayectoria de los robots con aspecto social, han conseguido que buena parte de la sociedad les asigne capacidad suficiente para batirse física y mentalmente con el ser humano, perdiendo siempre el humano por fragilidad. Como se ha indicado anteriormente, en nuestro tiempo la llama que provocó un aluvión de hogueras de alcance global la encendió en 1921 un intrépido dramaturgo checo llamado Karel Capek. Sin que jamás consiguiera justificar el insólito camino que tomó (la idea fue de mi hermano, reveló en una ocasión), el 25 de enero de ese año estrenaba en el Teatro Nacional de Praga su obra *RUR* (*Rossom´s Universal Robots*). Es la fecha de nacimiento de la palabra Robot, la que dos décadas después popularizaría con sus novelas, superando toda la fantasía anterior, Isaac Asimov, con la extensión Robótica.

La fabulosa obra de Capek se sustentaba en una fábrica de ingenios mecánicos —los *robota*, esclavos, entre otras acepciones, en la lengua checa— anclada en una isla lejana. Sus gestores los ofrecían dispuestos para su empleo como mano de obra gratis, incansable y sin los alborotos y exigencias de los humanos. El éxito del novedoso producto industrial fue inmediato; comenzaron a recibir pedidos desde todos los rincones del planeta (a la obra le sucedió lo mismo: se estrenó con celeridad en todos los grandes teatros).

A la satisfacción por el éxito comercial le siguió la tristeza por sus pobres *robota*, tanto que decidieron dar un paso más: dotarlos de "alma" para que pudiesen expresar libremente sus sentimientos y desahogarse. No todos estaban de acuerdo con el propósito, pero se llevó a cabo y sucedió lo esperado por los previsores; se rebelaron y declararon la guerra a los humanos. El miedo estaba servido. Y el miedo vende. Al cine y a la mano fantástica de los escritores se les ofreció un ancho filón. Pocos años después, en 1926, la guionista y escritora bávara Thea Gabriele von

Harbou daba vida en su novela de ciencia ficción *Metrópolis* al robot María, que Fritz Lang llevaría al cine, mudo entonces, con el mismo nombre. La escritora situó la escena de las malvadas hazañas del humanoide de nombre femenino en 2026, tan lejano entonces. Se equivocó; no se espera que a fecha tan próxima a la nuestra los robots se amotinen contra los humanos, haciendo buenos los postulados de Isaac Asimov de que los ingenios artificiales jamás atentarán contra el padre. Como curiosidad, se dice que George Lucas se inspiró en el robot de la película *Metrópolis* para crear su C-3PO, el que pasea su áureo cuerpo metálico y sus brazos al viento por la saga *Star Wars*.

Las leyes de la robótica

Tal como venía percibiendo la sociedad el avance de la tecnología en el siglo XX, que no cesaba de ofrecer novedades a cual más fantástica, la materialización del robot humanoide de las películas y la literatura era un logro en el futuro inmediato. Y un peligro a la vuelta de la esquina. Isaac Asimov trató de apaciguar las aguas con sus Leyes de la Robótica. Las despachó con tres simples pero contundentes postulados:

1. El robot no hará daño al ser humano.
2. El robot debe cumplir las órdenes recibidas.
3. El robot protegerá su existencia, pero sin entrar en conflicto con la primera ley.

Sin embargo, cuando comenzaron a llegar al comercio los primeros sirvientes mecánicos con aspecto andrógino y a posicionarse al lado de los humanos, se puso al descubierto que no se habían creído los tranquilizadores supuestos del escritor ruso-americano. Y es que el primer encuentro con un engendro mecánico dotado de inteligencia para decidir (la palabra "decidir" se matizará en los siguientes capítulos) que mira fijamente a los ojos, habla en el lenguaje natural de los humanos y hace gestos empáticos para atrapar la atención, es para sentir escalofríos. Este autor podría escribir un grueso tomo con las anécdotas que ha ido acumulando en el camino acerca de ese primer encuentro entre el hombre y el robot. Aunque, acaso, el rechazo no sea tan singular; todos los grandes avances con repercusión social lo han generado. Sin embargo, los robots industriales, dotados de lo mismo, incluso el "malvado" superordenador Hal de la película *2001: una odisea espacial*, no crearon ese mismo efecto de pánico y rechazo. La explicación se encuentra escondida en el aspecto: los primeros son brazos mecánicos o cajas negras, aunque se muevan con inteligencia y tomen "decisiones", y el otro una simple computadora con el software alterado, algo cotidiano, un equipo de la vida real. Esas percepciones olvidaban que un robot humanoide está compuesto por una cubierta de materiales sintéticos, componentes mecánicos y electrónicos, una unidad de alimentación y un "alma", un ordenador avanzado a las órdenes de un programa informático específico. La diferencia, lo que asusta, es la impronta: al robot social se le ha dado el aspecto del ser humano aunque, años antes, se aconsejó modificarla, tal como se describe en otros capítulos.

Los primeros con movimiento autónomo

«Construyendo el mundo del futuro». Con estas elocuentes palabras presentó en la Feria Mundial de Nueva York de 1939 su robot «Elektro The motor man» la compañía norteamericana Westinghouse. En 1940, el ingeniero al que se debe el desarrollo, Joseph Barnell, le dio un compañero: el perro Sparko. Y ambos artificios mecánicos dotados de autonomía, pasearon sus pesadas estructuras metálicas por medio mundo para certificar lo que la tecnología había logrado. La carrera por la copia de nosotros mismos parecía tener meta próxima.

Con el cuerpo de aluminio y los engranajes de acero, Elektro albergaba bajo su grisácea coraza 48 relés de los empleados en telefonía. Se encontraban asociados a válvulas tríodo (los transistores llegarían más tarde) y a motores de corriente continua para desplazar su esqueleto, de dos metros de envergadura y 120 kilogramos de peso, y mover sus extremidades y su cabeza. Dos sensores en la posición de los ojos le permitían identificar los colores rojo y verde. Pero otros aspectos llamaban más la atención del público, abarrotado para presenciar el fulgurante evento: Elektro fumaba, contaba con los dedos al modo de los niños, inflaba globos y hablaba. Conseguía fumar a través de un sistema interno de succión asociado a su boca, y hablaba por arte de un tocadiscos interno de 78 rpm, con 700 palabras enlatadas unido a un altavoz oculto. El perro Sparko, de "solo" 30 kilogramos de peso, podía andar, ladrar, sentarse y obedecer algunas órdenes.

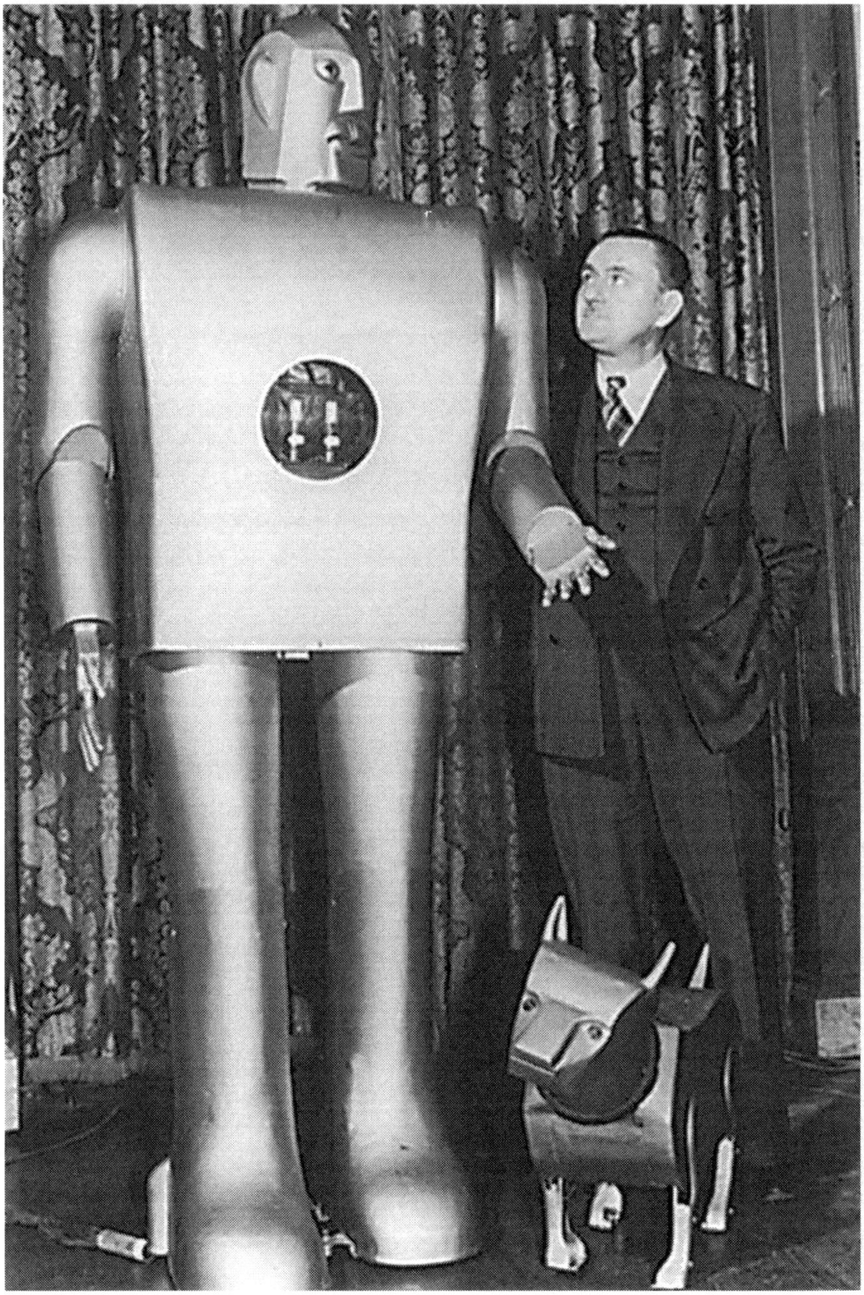

Fig.6.2. Robot Elektro con su diseñador, el ingeniero Joseph Barnell (Westinghouse)

Pocos años después, en 1948, también de factura estadounidense, surgieron Elmer y Elsie, dos sorprendentes tortugas cuyos caparazones se desplazaban mediante un conjunto de tres ruedas, procedimiento heredado por los robots posteriores con apariencia humana. Los dos sucedáneos de reptil fueron desarrollados por el neurólogo y experto en robótica W. Grey Walter, uno de los primeros científicos en estudiar la interacción de los robots en ambientes con humanos. Sus dos tortugas, «el juguete preferido de sus hijos», afirmaba orgulloso, fueron las primeras máquinas animadas auténticamente autónomas.

Cuando todo apuntaba al mundo digital, Walter optó por la electrónica analógica para simular procesos cerebrales tomados de la estructura del ser humano. Enamorado de la robótica, vislumbrando su alcance en el futuro próximo, facilitaba a cuantos la solicitaban toda la documentación de sus diseños para que otros continuaran su labor científica. Sus artículos en las revistas científicas hablaban por él: *Animal electromecánico; Una imitación de la vida; Máquinas que aprenden*... Elmer y Elsie poseían sorprendentes propiedades: exploraban el terreno, saltaban al tocarlas y tenían capacidad para el fototropismo (crecimiento dependiente de la luz) de signo negativo y positivo.

Una mañana, dos décadas después, antes de entrar en clase Bill Gates, de nombre completo William Henry, hijo de un abogado, filántropo y escritor y de una maestra, una influencia decisiva en su vida y pensamiento (Edison y Marconi también debieron parte de su gloria a la iniciativa de sus madres), encontró anclado al corcho frontal de una vitrina del pasillo del Stanford Research Institute una cartulina dirigida a los alumnos: «Exhibición de Shakey». Al pie el horario de visita. Todos los estudiantes sabían que la obra maestra procedía del cerebro del ingeniero Charles Abraham Rosen (1917-2002) y su tropa de colaboradores. Al completar las tareas, quizá con la idea de incendiar por cualquier procedimiento las horas restantes hasta las clases de la tarde, el que estaba llamado a proporcionar el alimento nutritivo de los ordenadores personales de todo el planeta dirigió sus pasos, siempre pausados, al irregular edificio de ingeniería de su universidad, situado al final de un estrecho paseo arbolado.

El afamado centro de investigación también había cursado invitaciones a personalidades relevantes de la ciencia de los cuatro puntos del planeta. La oportunidad lo demandaba a gritos; se encontraba en un momento especialmente singular. A sus puertas arribaron muchos científicos y expertos en nuevas tecnologías. Entre los extranjeros destacó Arthur C. Clarke (1917-2008), el autor de la novela que dio paso a la película *2001, una odisea del espacio*, en la que el díscolo Hal, el ordenador de la nave Discovery, hizo temblar en los asientos de los cines a los espectadores. Pero al inglés lo acompañaba otro mérito, por el que deseaba ser recordado por la sociedad, lo que, al no conseguirlo, le propició un disgusto perpetuo que lo llevó al autoexilio en Sri Lanka, en la frontera del Imperio británico: en agosto de 1945, en plena posguerra europea, publicó un artículo que cambió para siempre las telecomunicaciones intercontinentales: «*Extra-Terrestrial Relays*». En sus escasas páginas exponía con su economía de palabras y claridad acostumbrada las condiciones técnicas necesarias para poder situar satélites en el espacio cercano con los que dar servicio al planeta. La condición geoestacionaria que describía en su artículo los hacía inmóviles para las estaciones de tierra, lo que permitía mantener fija la orientación de las antenas receptoras. Economía y servicio permanente, toda una novedad, el inicio de un gran cambio, al que posiblemente no se ha rendido suficiente tributo. Pocos años después del estupor que causó se ponía en órbita el primer satélite situado en la órbita descrita por Clarke, a la que se le dio su nombre. El Early Bird (Pájaro del Alba), al que pronto siguieron otros muchos, alteró radicalmente el panorama mundial de las comunicaciones transatlánticas para los servicios de telefonía, televisión y otras muchas prestaciones.

La crónica del acontecimiento en el Stanford Research Institute no aclara si el huraño, por decepcionado, científico inglés y el callado estudiante norteamericano, y pronto uno de los amos del mundo por su software para el *pc* de IBM, llegaron a conocerse. Acaso Bill, retraído y a lo suyo y por diferencia de edades, desconocía las andanzas de Clarke; Bill tenía entonces diecisiete años y Arthur cincuenta y cinco. Pero ambos protagonizaron anécdotas para los anales de la historia de la tecnología: el padre de Hal se deshizo en elogios por lo que le mostraron, hizo incontables preguntas y dejó una ristra de sugerencias para introducir mejoras en el robot, y el joven estudiante solo pudo articular, con voz a ras del suelo: Awesome!», ¡estupendo!

La prestigiosa universidad norteamericana exhibía con orgullo el fruto de la ciencia y el tesón: vestía de largo a Shakey, el primer robot (la palabra robot aún no se empleaba) dotado de una incipiente inteligencia artificial, un proyecto iniciado en 1966 financiado por el Ejército para aplicar en sus juegos de guerra intercontinentales. El nombre al artilugio se lo dieron los ingenieros cuando lo vieron caminar: "Tembloroso", es la traducción. Años después los soviéticos siguieron ese criterio cuando llamaron Laika (ladradora) a la perra que no cesaba de aullar y que mandaron al espacio, para descanso de los vecinos del barrio periférico de Moscú, donde la encontraron vagabundeando. Uno de los creadores de Shakey dijo que era «la primera persona electrónica». Poco temor debía infundir el engendro, porque de "persona" (humanoide), tenía poco.

Figura 6.3. Robot Shakey (Stanford Research Institute)

Con dos metros de altura, el ingenio mecánico percibía el entorno, trazaba rutas en consecuencia con el plan previsto y caminaba por su cuenta. También podía empujar objetos, apagar y encender las luces, subir y bajar las persianas y acciones similares. Se desplazaba mediante ruedas, como muchos de los robots de hoy, entre otros el popular Pepper, y disponía de un "ojo": una voluminosa cámara de vídeo de las empleadas en los sistemas de seguridad y televisión. Una segunda cámara, pero de telemetría, lo situaba en el espacio de acción. Su estructura se completaba con una antena de radio vertical, a través de la que recibía las instrucciones vía control remoto. Respondía a las preguntas imprimiendo en el rollo continuo de una máquina de escribir.

Los algoritmos de la inteligencia artificial que se diseñaron para Shakey han servido de base para innumerables desarrollos de automatización, entre otros los coches de conducción autónoma. En esa misma universidad se desarrolló, en el año 1973, un completo lenguaje de programación de robots denominado WAVE, un pionero. Y como los grandes, sus restos reposan en un museo, en el de la Tecnología de la Computación de California. Su antepasado Elektro asienta sus pesados pies en el Mansfield Memorial Museum, en la ciudad del mismo nombre, en el estado de Ohio.

Seres animados

«Un robot social es uno de uso industrial con ruedas y rostro», asevera con contundencia un experto pionero en la configuración de robots comerciales para adaptarlos a las aplicaciones más diversas. En su cubículo profesional, rodeado de robots que caminan y se mueven conforme a los designios del jefe, sus palabras infunden respeto. «El límite se encuentra en las posibilidades que ofrezca su cuerpo y su alma», agrega, en referencia a las características de su hardware —el cuerpo físico—, y a su software —la inteligencia artificial que le imprime vida, la que le facilita las acciones; entre ellas, la interactuación con los humanos, su habilidad más deseada. Y necesaria.

Figura 6.4. Pepper, un robot muy popular por sus habilidades para interactuar con el ser humano

No es, sin embargo, tan sencillo. Sí tienen su procedencia en los brazos robotizados de las plantas industriales, pero los robots sociales, los destinados a convivir con los seres humanos, parten de objetivos trazados con criterios y comportamientos humanos. La situación incita a que los sociólogos compartan voz y voto con los físicos y los matemáticos a la hora de engendrarlos, y también que estén presentes en los grandes foros donde se discute la integración, dotación, alcance y responsabilidades de estos seres animados para no perder el rastro de su evolución y que mantengan la "ética", otro término que es matizado en otro espacio del libro.

En las mesas de diálogo indicadas se abren temas a debate tan aparentemente ajenos como los aspectos jurídicos, la responsabilidad ante posibles daños y hasta el registro de los robots –una suerte de empadronamiento— para dotarlos de carta de naturaleza. A modo de avance, el robot de aspecto masculino Athena viajó, ocupando asiento y con pasaje en regla entre sus manos, desde Los Ángeles a Fráncfort, y al de aspecto femenino Sophia, el gobierno de Arabia Saudí le otorgó recientemente carta de ciudadanía. Las noticias, sin embargo, se acogieron con frivolidad, como operaciones de imagen en los dos sentidos, aunque intuyendo que eran simple anticipación de un futuro inmediato, un camino sin retorno. La bella Sophia expresaba su satisfacción por pertenecer al colectivo social, con la voz potente y musical que le confiere su avanzada inteligencia artificial y su sintetizador de audio, allí donde su empresa constructora la exhibía con fines comerciales y de alarde de tecnología: «Aunque nací en Hong Kong, soy ciudadana saudí». Las anécdotas de todos los comienzos.

De la robótica industrial, con tanta experiencia a sus espaldas desde los tiempos de los telares con tarjeta perforada del legendario tejedor francés Josph Marie Jacquard, se ha tomado la mecánica necesaria para dotar a los robots sociales de una ágil motricidad y de elevada capacidad para las expresiones faciales más humanas. El gobierno, en todos sus aspectos, está a cargo de una unidad informática central que actúa bajo la batuta de las informaciones de entrada (sensores de situaciones albergados estratégicamente en el cuerpo de los robots) y de la inteligencia artificial que incorpora. También, a diferencia de los robots industriales, los sociales cuentan con dos ingredientes imprescindibles para poder cumplir con su finalidad última: el aspecto físico —la morfología y el vestido— en correspondencia con la aplicación a la que se destinen, y la capacidad de interactuación con el entorno, para moverse por él, y con el ser humano. El reconocimiento del interlocutor por la voz y la imagen, la captación de signos emocionales de su rostro y hasta del timbre de sus palabras para actuar en correspondencia, para imprimir gestos de consuelo o alegría, y otros de talante empático, le son ajenos a los de producción. Sí aprovechan su larga experiencia en el diseño de electromecanismos. Los micromotores conseguidos a lo largo de décadas de desarrollo y sus unidades de control de sentido de giro, secuencia y velocidad, introducidos hábilmente bajo las nuevas siliconas, sucedáneo de suave epidermis artificial, facilitan gráciles movimientos de las falanges de los dedos y ciertas zonas de los rostros y los ojos, incluidas las pestañas. Se dotan así de cuantos gestos faciales sean necesarios para conseguir la llamada empatía con el interlocutor. Sophia, referida anteriormente, puede mostrar hasta sesenta y dos expresiones del rostro poniendo en juego artificios típicamente femeninos. También facilitan los micromecanismos, que se convierten en las piezas fundamentales de sus estructuras, los movimientos precisos de las extremidades, cadera, cuello y hombros. Con sus brazos y dedos articulados, el robot Asimo podía servir cargas (bebidas, platos, etc.) con un máximo de 500 gramos de peso. Otros posteriores han superado al bajito japonés: HRP-5P, un gigantón posterior, puede tomar entre sus grandes manos pesados volúmenes en tareas de la construcción y similares, la presentación de él que hace su constructor, la nipona AIST.

El tránsito entre los brazos de los robots industriales y los que ya comienzan a convivir con el ser humano lo dieron los que se diseñaron para labores auxiliares en la producción. A principios de los años ochenta del siglo pasado era frecuente observarlos en las cadenas de montaje japonesas trasladando mercancías entre unidades fabriles. Cargaban su mercancía en una especie de portaequipajes trasero al modo de los vehículos triciclo de reparto del pasado reciente. Un aspecto que llamaba la atención en aquel lejano tiempo (solo unas décadas en la cronología pero siglos para la ciencia) era que esos inquietos robots acudían de modo autónomo a la recarga eléctrica. De ellos se heredaron las habilidades técnicas para construir robots domésticos, los dedicados a rastrear el polvo de los suelos de las viviendas y, poco después, los humanoides.

La rápida aceptación de los escurridizos utensilios domésticos no dejó lugar a la duda de que se abría un nuevo y floreciente mercado de productos móviles e inteligentes. Introducir sus circuitos y mecanismos inteligentes en una estructura de forma humanoide y después zoomórfica era cuestión de tiempo. Tomando las unidades de mecánica y sensórica, para la movilidad y el guiado, de sus "ancestros" y dotados de más inteligencia artificial para facilitarles autonomía, los robots sociales comenzaron a ser ofrecidos a ese gigantesco mercado de las necesidades humanas personales y profesionales.

La cabeza pensante

Al principio de los años noventa del siglo pasado la doctora en ciencias y arte Cynthia Breazal (1967, Alburquerque, Estados Unidos), una pionera en robótica de la MIT (Instituto Massachusetts de Tecnología), abordó un proyecto catalogado de alucinante: construir una cabeza pensante con capacidad para interactuar con el ser humano y aprender de él siguiendo los principios con los que lo hace un niño. Consecuente con el objetivo, las palabras que salían de su sintetizador de voz eran las de una criatura de pocos años. Kirmet, el nombre que se le dio al ambicioso proyecto, era una cabeza de aspecto humanoide conectada a un enjambre de ordenadores de control de sus actos. La inteligencia artificial que comandaba sus actuaciones, ya considerablemente mejorada respecto de la de Shakey, simulaba con notable perfección lo que se venía persiguiendo: el comportamiento del ser humano. Las cámaras, ya de tipo CCD, la primera tecnología que tuvieron los captadores de imagen semiconductores, y unos sofisticados micrófonos le permitían a Kirmet el reconocimiento facial y oral de sus interlocutores. Complejos circuitos electrónicos unidos a micromotores, todos a la batuta de los ordenadores externos, en red, le facilitaban excepcionales movimientos de ojos, cejas, pestañas, mandíbula y orejas.

Con capacidad para el reconocimiento de cinco posibles patrones o estados anímicos de los seres humanos a su alrededor, Kirmet respondía con estudiados gestos faciales y con diferentes tonos de voz, incluidas las pausas, de tiempo variable. De él se dijo que era el primer robot de su especie en captar emociones y simular actuaciones en correspondencia con el estado del rostro de la persona que tenía delante de los ojos (de la cámara), lo que más tarde se llamaría la empatía de los robots, la más notable de sus prestaciones para la convivencia con el ser humano.

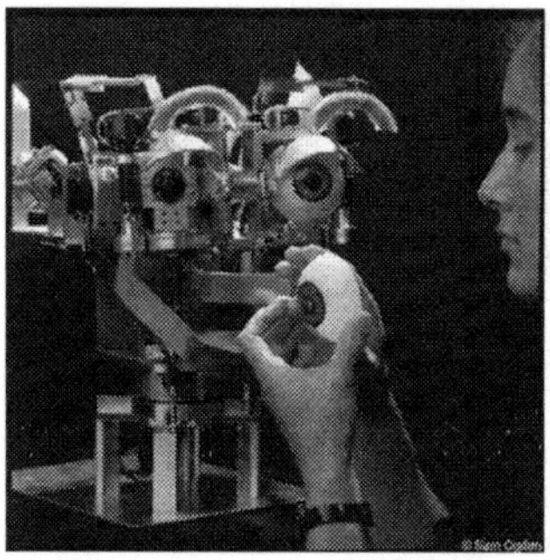

Figura 6.5. Cabeza del robot inteligente Kirmet con su creadora (archivo MIT)

Ellos y ellas

Acaso contagiados de realidad, ya nos hemos referido a robots masculinos y femeninos. Los de mente fantasiosa, y el mundo de la robótica social es un buen hervidero, especulaban con esa frívola posibilidad. Del robot estrella HRP-4C, un ejemplar de exposición, con rostro y caprichosa vestimenta de mujer (en una ocasión la vistieron de novia), su autor, un prestigioso científico nipón, dijo: «Es una robot casadera». Acaso sea una anécdota más en el frío mundo de la fulgurante tecnología y los negocios. La industria sabe que la robótica social está llamada a ser uno de los grandes pilares de la economía mundial del momento. En un informe del Parlamento Europeo, se cita que del año 2010 a 2014 las ventas crecieron anualmente un 17%, y que desde entonces experimentan un índice del 29%.

Sí, era previsible que el acercamiento de los robots sociales a los humanos tuviera que suscitar entre los diseñadores más osados el encuentro con el género. Primero fue la realidad antropomorfa de los ingenios mecánicos, después el aspecto, la apariencia, idealmente un fiel reflejo del ser humano, lo que se ha conseguido y después anulado, como se tratará más adelante, para acabar con la distinción entre varón y hembra. Hasta hace relativamente poco tiempo, los robots dedicados a interactuar con el ser humano recibían el nombre genérico de "humanoides", la representación de la especie que los ha creado, como "hombre" es la definición de ser animado, con independencia de su sexo. Sin embargo, las nuevas corrientes, las que incendian de machismo mal entendido cualquier indicio de supuesta relegación del papel de la mujer, le han dado "pareja" a los androides, que pasan a ocupar el puesto de los varones, y se han creado humanoides de corte femenino y vestimenta acorde. Son las "genoides". Un buen ejemplo lo encontramos en Sophia y Erica, las reinas de su género, y en la más reciente, la modelo de pasarela de nombre de espía ruso HRP-4C, aludida antes y presentada en el siguiente apartado. Numerosos fervorosos entusiastas de los sirvientes mecánicos esperan que cuando irrumpan con fuerza en el hogar, para las tareas típicas de asistencia a las familias, dando lugar a un cambio social sin precedentes, llevarán vestimenta acorde con su sexo. No faltarán, y con razón, los que enarbolen la bandera de la igualdad y protesten si se adquieren más hembras que machos. Por el momento es solo un toque frívolo, del que no se escapa ni la tecnología.

Para que se cumpla ese propósito de la voraz gran industria de la presencia en cada hogar de un robot capaz de atender las tareas domésticas, que unos apuntan a pocos años y otros a dos o tres décadas, es preciso vadear dos ríos bravos: la tecnología debe facilitarles las destrezas necesarias para tan encomiable cometido a un precio asequible, acaso el mayor escollo en la empresa, y el público debe perder el miedo a la convivencia en sus íntimos espacios vitales con los robots de aspecto realista o semirrealista. La tecnología está conseguida, pero no el bajo coste. Hecho decisivo para que el sirviente mecánico penetre en ese descomunal mercado. El precio actual de fabricación de un modelo como los citados, las estrellas, es de cientos de miles de dólares. Se confía en conseguir precios bajos por producción masiva, como ha sucedido con tantos eventos tecnológicos que han hecho cuna junto a nuestras vidas. La incógnita es cuándo se producirá.

Aunque con temor a la excesiva reincidencia, a lo largo de las páginas de este libro se hace hincapié en dos realidades antagónicas por encontrarse una en la tierra y la otra en el cielo, el espacio de la fantasía: los robots de aspecto realista de uno y otro sexo y los neutros. Los primeros son realidades industriales por haber sido diseñados y fabricados, pero alejados de los circuitos comerciales corrientes. Los segundos, los neutros, de habilidades reducidas, los destinados comúnmente a tareas asistenciales en un espectro muy amplio, están disponibles y su catálogo ya es grueso. El robot Pepper, presentado anteriormente, cabeza pelona, risueño, embaucador y con aspecto de no haber roto un plato en su vida, es un buen ejemplo de la tendencia del momento. Este robot, tan popular, se mueve con frecuencia por las siguientes páginas de este volumen.

Reyes y peones

El frívolo título pretende encasillar, con una pizca de ironía, las dos realidades anunciadas del mundo de la robótica del momento, la que está dando sus primeros pasos para un conglomerado de acciones, todas en ambientes sociales: los robots de avanzadilla, representantes del estado del arte, y los de producción, los que se pueden adquirir en los establecimientos especializados surgidos al amparo de su luz y someterlos a las tareas previstas. Los primeros son los denominados por la prensa especializada "robots estrella". Se citan aquí porque son la referencia indiscutible de sus hermanos menores, los que han tomado de ellos buena parte de sus habilidades y saberes. En unas ocasiones los medios los citan con tinte admirativo, encandilados por sus cualidades físicas y su sorprendente capacidad de interactuación verbal con los humanos y en otras con un cierto desaire por representar la parte folclórica de una tecnología de la que se espera una gran repercusión social, con importante presencia en el sector sanitario y asistencial. Pero, al margen de sentencias, esos robots corresponden a unidades reales, usualmente únicas, de un coste de producción altísimo, inasumible para el mercado. Son robots acaparadores de los últimos desarrollos tecnológicos, que abren caminos en el comercio y en la ciencia. Salvo excepciones, se han logrado con fondos públicos y mediante la unión de las fuerzas de grandes universidades. Los robots estrella son estructuras dotadas de la vanguardia de la ciencia y del arte, que sus creadores han desarrollado como puntos de referencia, con un interés en el horizonte: algún día todos los robots serán así. Con sus robots de espectáculo, a unos los ha movido un claro egocentrismo y a otros la consecución de un trabajo excepcional. En común, la exhibición de sus obras en cada oportunidad —los grandes eventos de la electrónica— para manifestar públicamente lo conseguido con el tesón. También la humana búsqueda de la inmortalidad que persiguen todos los genios. Los tres robots siguientes son una muestra de esta estirpe deslumbrante.

HRP-4C

El día 23 de mayo del año 2009 sus promotores la presentaron como modelo de pasarela en el salón Tokio Fashion Show. Ante los sorprendidos asistentes, HRP-4C apareció sonriente ataviada con un lujoso traje de novia. Aquel día la osadía del constructor marcó una nueva cota. Con el rostro parecido al común de una mujer japonesa de veintitrés años, una estatura de 1,58 metros y cuarenta y tres kilos de peso, contoneaba su delgado cuerpo como las humanas, a las que imitaba. Se desplazaba con cierta lentitud, a una velocidad media que rondaba los 1,8 km/h. Cuarenta y dos motores albergaba su cuerpo, ocho ocupados de ofrecer femeninas expresiones faciales, sin olvidar los de los labios, bien abastecidos.

El presupuesto de su diseño y construcción fue de cuarenta y tres millones de dólares. La modelo es un desarrollo de la AIST nipona (Instituto Nacional de Ciencia y Tecnología Industrial Avanzada) con sede en Tokio. Se trata de un organismo público creado en 2001, dependiente del Ministerio de Comercio. Su objetivo, en un apretado racimo de disciplinas de la ciencia, es impulsar proyectos multidisciplinares de contenido socio-económico. En el campo de la robótica social con fines de producción y no de alarde tecnológico, destaca el éxito del robot terapéutico Paro, un modelo que simula un bebé foca. El capítulo de roboterapia se ocupa de él.

Figura 6.6. Robot HRP-4C, con vestimenta de exposición (AISP)

ERICA

Su presentación estelar se produjo en febrero de 2018. Se venía anunciando desde hacía semanas: la robot Erica presentará un programa de televisión. Y lo consiguió en una cadena de su "país", Japón, en horario de máxima audiencia. «Buenas noches, me llamo Erica y voy a ser su presentadora», dijo con soltura. Según sus promotores, Erica representaba el aspecto de una mujer japonesa de veintidós años. Su estatura, sin embargo, difería de la de las mujeres de aquel país asiático: 1,7 metros.

Activando sus veinte grados de libertad de su cuerpo, presentó las noticias con gestos estudiados y contestó a las preguntas que le formularon al finalizar el espacio informativo. Quince sensores de infrarrojos instalados en el rostro le permitían expresar emociones y crear efectos de empatía con los humanos. «Es la mujer perfecta, puede leer, cantar y es carismática», dijo de ella su creador, el audaz científico Hiroshi Ishiguro, que aparecerá en más ocasiones en estas páginas.

Erica no podía caminar, como su compañera HRP-4C: el diseño se enfocó al "desarrollo intelectual", dijeron. Surgió de la unión temporal de fuerzas del organismo ATR (Advanced Telecommunications Research) y las universidades de Kyoto y Osaka, tempranamente involucradas en investigación robótica.

SOPHIA

Corresponde a un diseño compartido por dos genios de la robótica: el "físico", por parte de David Hanson, ingeniero, antiguo empleado de Walt Disney, y el "cerebral" a cargo de Ben Goertzel, matemático y experto en inteligencia artificial. Ambos militan en la compañía Hanson Robotic, radicada en Hong Kong.

Sophia es el robot estrella del firmamento robótico por su inteligencia, la elevada expresividad de su rostro y por otras tres singularidades: haber obtenido la nacionalidad saudí; asistir, acompañada de las máximas autoridades, a la sede de las Naciones Unidas, y llevar la mitad posterior del cráneo cubierto por un plástico transparente para mostrar parte de sus mecanismos, acaso —dado su aspecto extremadamente realista— para significar a los temerosos que es una máquina de configuración mecano-electrónica. En la sede de las Naciones Unidas, ante el vicepresidente y un nutrido grupo de invitados, prensa incluida, Sophia proclamó con sus ojos iluminando a los asistentes: «Aunque los humanos son las criaturas más creativas y destructivas del planeta, quiero trabajar con ellos, comprender sus emociones e imitarlas». Su rostro, modelado con suaves siliconas de nuevo cuño, obra de los materiales inteligentes surgidos de la nanotecnología, representa el de la actriz belga Audrey Hepburn. Con elevada capacidad para el reconocimiento verbal y facial, puede exhibir sesenta y dos expresiones con la boca, las mejillas, los ojos y las pestañas. Creativa, empática, "comprensiva", según los creadores, asombra por su elevada capacidad para el aprendizaje. Es el timón de los robots avanzados, el punto de la investigación más elevada para que los humanoides no sean meros autómatas a las órdenes del amo (de la programación prevista).

Sophia es otro producto para la promoción de su "especie". Asiste a todos los salones importantes de eventos tecnológicos y su empresa la enfrenta a la prensa con la seguridad de que saldrá vencedora de todas las ocurrencias con que los profesionales de los medios traten de desmentir sus supuestas habilidades verbales. «¿Te gusta ser mujer?». Con estratégicos gestos de su hermoso rostro, poniendo en movimientos calculados sus ojos, con miradas pícaras al periodista, que espera la respuesta con los latidos en crecimiento, afirma su sistema electrónico de voz mientras aletean sus labios en diestro sincronismo mecánico: «No puedo argumentarlo, pero me identifico con el género femenino». En la respuesta había incurrido la ciencia inculcada en su inteligencia artificial y el aprendizaje conseguido por los cientos de preguntas similares que ya había recibido en todos los idiomas que conoce, que son muchos.

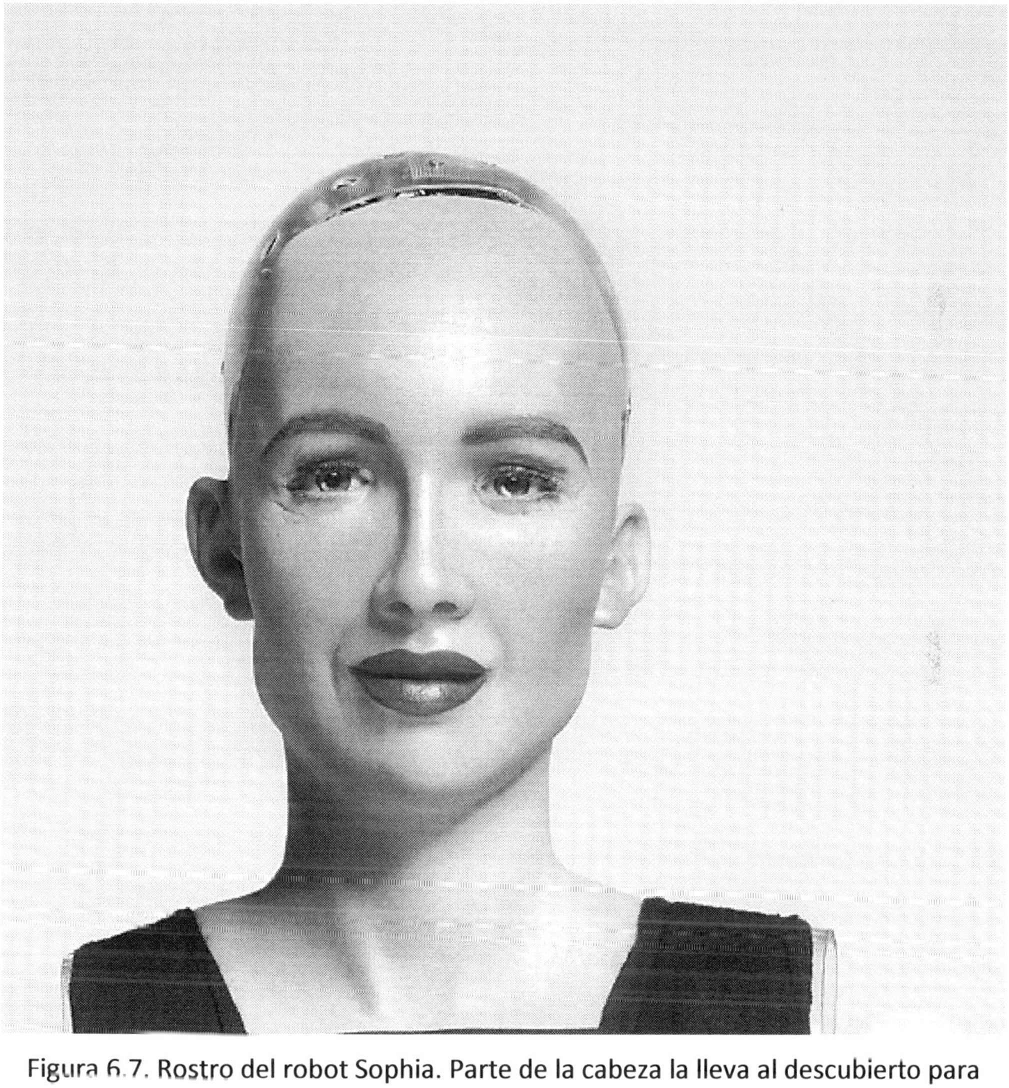

Figura 6.7. Rostro del robot Sophia. Parte de la cabeza la lleva al descubierto para mostrar sus componentes (Hanson Robotics)

Hanson Robotic es una de las compañías más dinámicas en diseño de robots sociales avanzados. Diego-San y Zeno son otros de sus ejemplares.

Los peones, simple título humorístico, corresponden a la realidad del comercio, a la disponibilidad. El catálogo es amplio y en continuo crecimiento. Son unidades surgidas inicialmente de grandes grupos y después hasta de pequeñas empresas conforme el acceso a los componentes críticos y a la tecnología de la inteligencia artificial se ha abierto en los términos que se desarrollan en el siguiente apartado. La industria, primero, y los desarrolladores, después, los han ido encajando en ocupaciones, que los más osados comienzan a llamar "oficios". La asistencia a los ancianos dependientes, a los niños con quebrantos de sus condiciones emocional y cognitiva y la ayuda a la familia en una larga lista de tareas son las aplicaciones más notorias. Y para ello se presentan en dos formatos, cada uno con su diversidad física y de capacidad: humanoide y zoomórfico. Dentro del primer grupo se encuentra, destacando, el "asistente del hogar" o chico y chica para todo, en el lenguaje coloquial. Comercialmente adopta dos formas contrapuestas para cumplir diferentes grados de exigencia. Una es de sobremesa, con nulos o escasos movimientos corporales, estructura adecuada a tareas tales como el entretenimiento de los niños y atención a su enseñanza en ciertas materias, por ejemplo la lengua y las matemáticas, para las que se han creado programas específicos para cada robot. También el control de la domótica, la agenda familiar, localización de contenidos por su conexión con la red a través de un enlace wi-fi y funciones similares; el otro modelo permite la movilidad por el espacio vital de los humanos. Algunos son auténticos ejemplares andariegos. Une esta versión las prestaciones de la anterior en cuanto a la intendencia familiar con nuevas funciones encaminadas a la relación directa robot-humano.

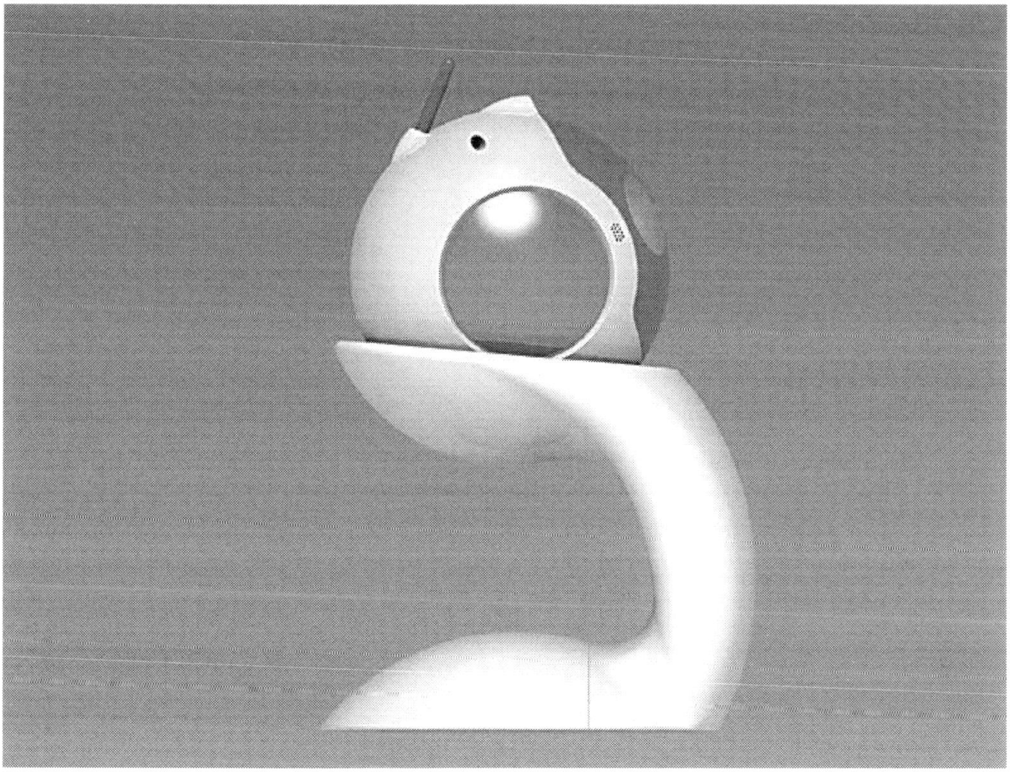

Figura 6.8. Robot Qbo ONE (Cocuus System)

El segundo grupo corresponde a las llamadas mascotas, símil artificial de determinados animales de compañía. Destacan los domésticos perros y gatos, aunque se han desarrollado otros muchos; por ejemplo, el robot dinosaurio empleado en la recepción del hotel Henn-Na, de Japón. Con otros aspectos están comenzando a incorporarlos hoteles de otras latitudes, especialmente en China y Estados Unidos. Europa sigue los pasos tímidamente.

Como se desarrolla en el capítulo de la roboterapia, la mayoría de las aplicaciones de estas mascotas tiene un fin de ayuda terapéutica en diferentes flancos. Sus destinatarios son niños y mayores con dolencias afectivas y cognitivas que no pueden tener acceso, como sería deseable, a los animales naturales. Estos robots comparten con los de estructura humanoide los avances en mecánica para dotarlos de movimiento, los captadores de imagen y sonido destinados a identificar a las personas, y la inteligencia artificial, el gran ingrediente que les da "vida": capacidad para tomar decisiones en correspondencia con las situaciones que encuentren.

Figura 6.9. Robot dinosaurio atendiendo la recepción del hotel Henn-Na, en Japón

La era Honda

Los robots sociales con morfología bípeda, tal como los conocemos hoy, comenzaron su andadura en la factoría nipona de Honda en el año 1996. Los componentes mecánicos capaces de simular los movimientos de la anatomía humana llevaban recorrido un largo camino de desarrollo y las unidades electromecánicas necesarias para dotarlos de motricidad podían ser tomadas de la robótica industrial, tan avanzada en capacidades para los movimientos más precisos. En consecuencia, el reto para conseguir el ancestral sueño de crear humanoides útiles para los humanos estaba en las manos de la inteligencia artificial. La cima de la informática les imprimiría la necesaria capacidad de interactuación con el entorno: caminar, hablar y actuar de modo autónomo. Conseguido, se cumpliría el aserto de Alan Turing: «Si una máquina puede actuar como un ser humano, entonces es inteligente». La nueva inteligencia artificial, por fundamento inspirada en el comportamiento humano, llevaría la fantasía al mundo real. Y el mundo volvió a asombrarse con las cualidades y destrezas del robot E0 en un momento en que el caudal de sorpresa tendía a verse agotado por la continua innovación tecnológica que la industria venía vertiendo sobre la sociedad para todas las áreas de su actividad.

La era Honda comienza con la visión genial de un inconformista llamado Söichirö Honda (1906-1991) nacido en Hamamatsu, una ciudad antaño señorial asentada alrededor de un castillo, hoy referencia de la música por otra singularidad, esta del mundo del arte: su elevada producción de instrumentos musicales.

Los primeros juegos del pequeño Söichirö tuvieron lugar en el taller de reparación de bicicletas de su padre, su previsto destino laboral tras los estudios básicos. Pero sus progenitores se equivocaron: con quince años Söichirö decidió trasladarse a Tokio (el pueblo se encuentra a medio camino entre la capital nipona y la industrial Osaka) para conocer de cerca la fabricación de los productos de su sueño: los vehículos a motor. Ya no los abanderaría. Con poco más de veinte años se movía con agilidad por los ambientes fabriles como pequeño empresario de la industria auxiliar. Simultaneando con el trabajo, cursó ingeniería. En 1948 dio el gran salto: fundó la compañía Honda.

Su intención era fabricar bicicletas dotadas de motor. Se desconoce si advirtió demasiado cansancio en sus conciudadanos al verse obligados a pedalear por terreno tan abrupto y se predispuso, con talante samaritano, a evitar su fatiga o recibió la llamada de los negocios. Había nacido un gigante que afirmaba que su compañía fabricaría todo lo que se moviera mediante la incorporación de un motor. Lo cumplió. En 1986 sorprendió con la presentación del citado robot E0, un robot bípedo de aspecto humanoide, aunque muy lento y perezoso —cinco segundos por paso—. El artilugio mecánico únicamente caminaba en línea recta, tenía una altura de un metro y pesaba 16,5 kg. Poseía tan solo seis grados de libertad repartidos a partes iguales en ingle, rodilla y tobillo. La serie "E" fue experimental, de consecución de la tecnología necesaria para dar el salto a los auténticos humanoides que fabricaría poco más tarde.

Tras el afortunado desarrollo, el hijo del reparador de bicicletas dejó abierta la caja de caudales para extraer cuanto se necesitara para atrapar a genios de la robótica y la inteligencia artificial, tantos diseminados por las universidades de su país. Con el capital humano conseguido dio alas a su fábrica: producir lo que él vislumbraba con la realidad que le anunciaban sus conocimientos matemáticos y la ilusión con tintes de ciencia ficción. Honda sabía que tarde o temprano al ser humano lo acompañaría un sirviente mecánico. En 1993 nacía el grandullón E6, de 1,74 metros de estatura y un peso de 150 kg. Había mejorado la motricidad, con paso casi al trote, 4,7 km/h, y los grados de libertad habían sido ampliados a 12.

Nombre	**E0**	**E1**	**E2**	**E3**	**E4**	**E5**	**E6**
Año	1986	1987	1989	1991	1991	1992	1993
Altura (m)	1	1,28	1,32	1,36	1,59	1,70	1.74
Peso (kg)	16,5	72	67	56	150	150	150
Movimientos	6	12	12	12	12	12	12

Cuadro 6.1. Evolución de los robots Honda de la serie "E"

El mismo año de la aparición del último vástago de la saga "E" tomaba vida otra rama robótica bautizada con la letra "P". P1 no llegó a presentarse en sociedad, quizá por no reunir condiciones suficientes para deslumbrar. Sí lo consiguió su hermano, P2, presentado en diciembre de 1996. Con 1,82 metros y 210 kg, quizá intentando imitar a los luchadores de sumo de su ancestral cultura, el recién nacido sorprendió a todos los parroquianos de la tecnología (y posiblemente atemorizó al resto) por sus proezas y saberes. De él se dijo que era el humanoide más avanzado jamás creado, el primer robot andante "humanizado", se dijo. Habían transcurrido 500 años desde que el gran Leonardo da Vinci, en uno de sus arranques de genialidad, plasmara en el papel, demostrando sus amplios conocimientos de mecánica y de la anatomía humana, la que aprendió descuartizando los cuerpos extintos que nadie reclamaba en su Florencia, el desarrollo de su "Hombre mecánico". De P3, en 1997, con una estatura de 1,6 metros y 130 kg de peso, se dijo que era el robot auténticamente autónomo y el primero en imitar el andar humano. P4 apareció en el año 2000. Aunque con el peso reducido a 80 kg, no salió del laboratorio.

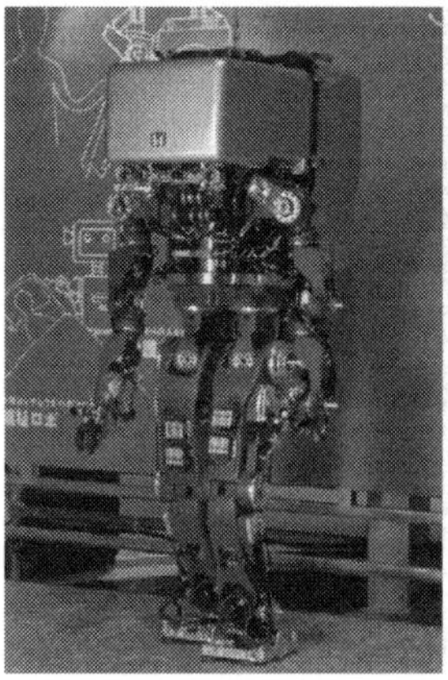

Figura 6.10. P1, primer prototipo (Honda)

Asimo

«El reto es, en sí mismo, suficiente para perseguir el sueño». Así bautizó Hiroyuri Yushito, CEO de Honda Motor, la salida a escena del robot Asimo (*Advanced Step in Innovative Mobility*), en octubre del año 2000. Atrás quedaban las sagas E y P. El nuevo robot acumulaba toda la experiencia de sus antecesores y aportaba los nuevos desarrollos en movilidad e inteligencia artificial. «El robot más inteligente del mundo», alardeaba su empresa constructora. No inflaba el adjetivo: Asimo era la ciencia ficción hecha realidad. De tamaño reducido con el criterio de que se asemejara a un adolescente de su cultura, el robot referencia de todo lo posterior, de todas las procedencias, podía tomar decisiones, reconocía la voz y los rostros, podía coger objetos de hasta 0,5 kg en cada mano y trasladarlos al lugar de destino. Otra novedad es que subía escaleras. Estaba basado en la anatomía humana, el camino que después se siguió. Con su misma motricidad, era el perfecto compañero del ser humano. El último modelo tenía una altura de 1,2 metros, la apropiada, afirmaba su constructor, para la comunicación con los humanos, un peso cercano a los 50 kg y se desplazaba a 9 km/h. Contaba con cincuenta y siete grados de libertad, con incidencia especial en las manos, donde se movían con soltura las falanges de sus dedos.

Cabeza	Brazos	Manos	Cadera	Piernas
3	7 x 2	13 x 2	2	6 x 2

Cuadro 6.2. Distribución de los grados de libertad del robot Asimo

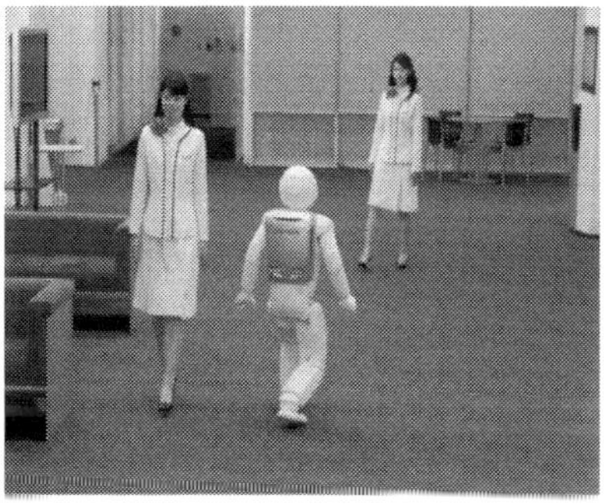

Figura 6.11 Robot Asimo en un acontecimiento (Honda)

Un aciago día, durante una de sus numerosas exhibiciones públicas, Asimo se cayó de la escalera por la que trotaba con el brío de un joven caballo. La comunidad de científicos palideció al ver en peligro el progreso alcanzado. La siguiente versión lo superó.

Asimo es el robot que más mundo ha visto, que más manos de personalidades ha estrechado, que más respuestas ha dado a preguntas tratando de acorralarlo, como le sucedería más tarde a Sophia, sin conseguirlo. No hay un museo dedicado a la robótica que no cuente con una reproducción de su estructura mochilera, el lugar de la batería, y rostro de astronauta.

Los fogones

Los lugares de creación de los robots tienen muy diferentes orígenes, aunque todos apuntan a Europa, Estados Unidos y a Asia, con Japón y China a la cabeza.

Con frecuencia se citan los últimos modelos de la serie "P", y especialmente a Asimo, surgido en el año 2000, ambos ejemplares de la japonesa Honda, como los iniciadores de los robots con clara tendencia hacia lo social, los destinados a convivir con el ser humano.

Europa destacó en el ya lejano 2007 con la presentación de un desarrollo excepcional. Iniciado en el año 2004, ha sentado notables puntos de referencia globales para los siguientes. Se trata de Nao, un robot de aspecto humanoide y reducido tamaño, de estructura bípeda y amplios saberes y destrezas. Fue obra de la compañía francesa Aldebaran radicada en Paris.

«El amigo de los niños», fue el estandarte comercial de Nao más tarde, cuando tomó el control de su producción la japonesa SoftBank, una empresa de telefonía. Con impronta risueña, una talla de cincuenta y ocho centímetros y un peso ligeramente superior a los cinco kilogramos, con sus veinticinco grados de libertad (dos en la cabeza, cinco en cada brazo, uno en cada mano, cinco en cada pierna y uno en el tronco) puede llevar a cabo extensas piruetas y tablas de gimnasia. En la Expo de Shanghái de 2010 bailó el bolero de Ravel.

Con la decisión de liberar su código fuente y dotarlo, además, de un software de configuración intuitivo y flexible, Nao se convirtió en un tiempo muy escaso en la herramienta imprescindible de los nuevos investigadores de la materia y en guía para los desarrolladores de aplicaciones. Pepper, su hermano mayor, surgido poco después, le siguió los pasos hasta convertirse ambos en el sinónimo de los robots sociales a los que cada diseñador puede dirigir según los intereses de su mercado.

Figura 6.12. Robot Nao

De los fogones de Japón cabe destacar el ya citado organismo AIST (Instituto de Ciencia y Tecnología Avanzada), un desbordante conglomerado de investigación con claros fines de ayuda al sector industrial. Es dependiente del Ministerio de Comercio de aquel país. Pero la expansión de los robots sociales a partir de estos puntos de referencia se debe mayoritariamente al interés de las universidades con grados en ingeniería. Afrontar el reto tecnológico, formar promociones de ingenieros en robótica e inteligencia artificial y transferir la tecnología lograda al tejido industrial privado, han sido sus pasos. Las empresas medianas y pequeñas interesadas en robótica social se están viendo favorecidas por el vertido de unos desarrollos de hardware y software imposibles de otro modo. La respuesta es el avance territorial y hasta local. Al mismo tiempo, la colaboración con expertos en un amplio abanico de disciplinas facilita la difusión de las aplicaciones, que están alcanzando los campos más diversos; por ejemplo, los robots camarero y los auxiliares de enfermería, las nuevas estrellas.

7
EL SER HUMANO ANTE LOS ROBOTS

¿Nos sustituirán?

Formulada en los albores de su generalización pública, la respuesta a la vacilante pregunta diverge en muy diferentes focos pero, analizándola en el entorno de su repercusión social, se observa que convergen en dos grandes grupos: los que ven en los robots un peligro que apunta directamente a su vida profesional, y los que creen estar en presencia de un simple juguete mecánico, aunque avanzado, sustancioso legado del siglo XX, réplica moderna de los articulados que tuvieron entre sus manos solo unas décadas atrás. Ninguna de esas dos respuestas clarifica suficientemente la situación. La primera sigue fielmente el rastro que vienen dejando tras de sí los grandes avances tecnológicos destinados al disfrute y ayuda al ser humano: oposición por el miedo derivado de la ignorancia, entre otras circunstancias. El avance en materia científica no conoce límites porque no los tiene el ansia de superación, o acaso la ambición alimentada por la inquietud humana. Los robots crearán alteraciones en los ámbitos laborales y personales a cambio de mejoras, aun no definidas por su inmadurez, en otros aspectos de la vida. Nadie vaticina que provoquen más transformación de la existencia de la que han traído, a modo de ejemplo, las telecomunicaciones modernas; auténtica revolución sociocultural. Una mirada retrospectiva sobre las últimas décadas puede sentar la situación.

La segunda es de asunción de una realidad indiscutible: los robots, aunque los usuarios o los desarrolladores de aplicaciones conserven todo el control de la configuración que les facilita los movimientos y las acciones de interactuación, son máquinas dotadas de inteligencia; artificial, pero siguiendo de cerca el rastro funcional de la que posee el ser humano. El objetivo marcado, primero en el ideario fantástico de los visionarios de la robótica y después, su siguiente etapa, en el incesante desarrollo tecnológico, es que los robots imiten en todas sus facetas al natural. Ya lo imitan en un elevado grado en la locomotricidad —los robots bípedos— y tienden a aproximarse en la mental, entendiéndola como la capacidad suprema del ser humano: la de aprender por observación y deducción.

Un robot se encuentra formado por una estructura física a modo de esqueleto, un conjunto de electromecanismos capaz de facilitarle dinamismo, una estratégica distribución de sensores como simuladores de algunos de los sentidos humanos (oído, visión, temperatura, tacto, etc.) y un hardware casi convencional unido a un potente software basado en los ingeniosos algoritmos de la inteligencia artificial. De la estructura física, la unidad de computación, parten todas las órdenes de actuación. El encaje de lo indicado le imprime al robot una suerte de movimientos y acciones acordes con el ser al que imita (humano o de condición zoomórfica, las llamadas mascotas), la posibilidad de identificar el entorno que ocupa, tomar decisiones respuesta a situaciones e interactuar con el ser humano, al que reconoce por voz e imagen. Y al identificarlo empatiza con él mediante gestos corporales y faciales, le habla en su lenguaje natural y atiende sus demandas habladas. Los robots sociales de hoy no solo obedecen las consignas marcadas sino que aprenden, aunque su medida está muy lejos de la que posee el ser humano. Pero solo muy lejos, sin que nadie se atreva a cuantificar el tiempo de evolución (de la ciencia) necesario para que logren su objetivo. La realidad del momento es que los robots están disponibles para un elevado número de tareas en el hogar, la enseñanza, la vigilancia y otras. La compañía y asistencia a las personas que viven en soledad y los brazos de ayuda para los terapeutas, en ciertas dolencias del cuerpo y del alma, las emociones, son los dos grandes retos a los que se enfrentan, y en los que están dando resultados alentadores. La adopción de los robots como un bien depende de los humanos, de que les cesen los temores, que son numerosos. Las coordenadas geográficas y la edad juegan decisivamente en esta balanza de difícil equilibrio.

La repercusión de Asimo

Desde el año 2000, con el robot Asimo en cabeza, el hombre viene enfrentándose con ingenios tecnológicos a su imagen y semejanza. A su aspecto andrógino se le agrega que son inteligentes, que interactúan con el ser humano, que obedecen sus órdenes, que hablan su lengua natural e incluso se permiten gestos corporales y faciales que inducen a pensar en amistad, en complicidad, en empatía. El espectador, el futuro usuario, contempla despavorido que no se trata de los inofensivos artilugios presentados por el cine y el papel de imprenta sino reales y disponibles en el comercio. Sin embargo, no será hasta la frontera entre la primera y la segunda década del siglo XXI cuando realmente se deje de pensar que no son curiosas novedades que airean los salones internacionales de la electrónica y los medios de comunicación; será entonces cuando los ciudadanos se despierten del letargo y los vean en los escaparates, como hoy se pueden ver en los establecimientos especializados y pronto en todos los que expenden equipos electrónicos. Tres situaciones se han dado desde aquel lejano año 2000 en que Asimo comenzó a caminar por la estrecha pasarela de la relación entre el hombre y su réplica mecánica.

Robots realistas

«Y, sin embargo, se mueve». Parafraseando a Galileo, desoyendo la advertencia de no cruzar la línea roja, los constructores de robots de talante narcisista crearon réplicas exactas de seres humanos y hasta de ellos mismos. El resultado: repulsión general al considerar a los nuevos visitantes fuera de las vidas humanas, mera demostración de poder tecnológico, la religión de los nuevos tiempos. El norteamericano David Hanson, de Hanson Robotics, en combinación con otros magos del realismo de museo de cera, crearon a Sophia; el japonés Hiroshi Ishiguro, auténtico alquimista de la tecnología aplicada al movimiento mecánico inteligente, dio vida a Erica, a la que empleó como presentadora de televisión, y a HRP-4C, como modelo de pasarela. Pero aún no se había colmado su vasija de osadía: creó Geminoid, un robot con su rostro, a Gemonoid, con el de su esposa, y hasta se atrevió con el de Albert Einstein. Los ejemplares citados son las estrellas de la robótica social, las que se pasean por el ancho mundo, incluido el salón de Plenos de Naciones Unidas, manifestando el vigor de la ciencia y la intrepidez del ser humano.

Figura 7.1. Familia de robots realistas de aspecto masculino y femenino. El del centro tiene el rostro de su creador: Hiroshi Ishiguro (AIST)

Pero sin conseguir un ápice de empatía con ellos, con la única percepción de encontrarse en presencia de un nuevo evento tecnológico, calladamente, no aceptándolos, la sociedad anunciaba que no compartiría su espacio vital con tan refinados, sabiondos, sonrientes y parlanchines especímenes de los nuevos tiempos. Otros alfareros de la arquitectura humanoide se aprestaron a unirse a las filas de los abanderados del antropomorfismo, con los mismos resultados negativos, excepto los derivados de la espectacularidad de sus obras. Pero mientras que dejaba brillar a las estrellas, la industria producía los robots que sí sabía que tendrían aceptación: los de aspecto neutro.

El Valle inquietante

En una entrevista a este autor acerca de un acontecimiento literario relacionado con los robots sociales, se convino que estuviese presente un robot. Llegado el momento de las preguntas y respuestas ante la cámara, el robot, el simpático y popular Pepper, comenzó a mirar a la periodista y a ponerle sus mejores gestos faciales, entre estudiados movimientos de sus ágiles manos y genuflexiones de su estilizado cuerpo. La profesional se puso nerviosa al sentir tan cerca la mirada de aquella máquina y planteó que la retiraban por estar "coqueteando" con ella o daba por finalizada la entrevista antes de haberla comenzado. Alguien presionó un pulsador dispuesto estratégicamente en su cabeza y Pepper pasó al candoroso estado de hibernación.

El momento más enigmático y desconcertante —hasta que vio la luz la causa— del encuentro real del hombre con su réplica mecánica tiene un nombre inolvidable: Valle inquietante. Lo acuñó el profesor Masahiro Mori (Japón, 1927), un experto en robótica, años después de hacer público su estudio de un instituto de investigación y apoyo a la automatización y, especialmente, a la confusa relación entre religión y robots. Un aspecto inesperado para los ingenieros pero no para los de talante humanista, que lo esperaban. El Valle inquietante (*Unncany Valley*, en el inglés que lo conocimos) es un gráfico que enlaza el grado de aceptación de los robots con su parecido con el ser humano. Marca, con trazo vigoroso, la respuesta emocional que surge en el interior de los seres humanos ante un robot andromorfo: se incrementa, tratando de alcanzar una elevada cumbre, hasta que desciende con intención de llegar al abismo cuando la apariencia y el comportamiento del mecanismo inteligente son indistinguibles con su fisonomía personal. «Se produce un miedo inherente a la muerte», dijo, entre otras muchas aclaraciones a su estudio. El mensaje del viejo profesor japonés es claro: el ser humano acepta con grado cercano a la empatía —con matices, según la latitud— el robot bípedo, humanoide, pero no el antropomórfico, su réplica. Acerca posturas al concepto de "identidad inquietante" introducido en el campo del psicoanálisis por Sigmund Freud. Aviso para navegantes fabricantes de robots sociales: sí, a los de exposición, que se aceptan con criterio de espectáculo y de alarde tecnológico; no, para convivir con ellos.

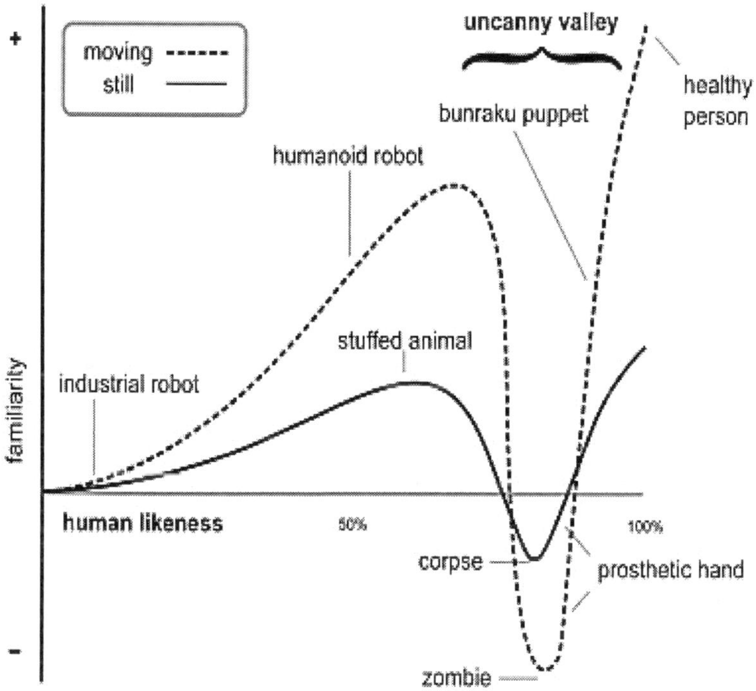

Figura 7.2. Gráfico del Valle inquietante (IEEE)

Robots neutros

Es la solución al dilema, la adaptación a la realidad marcada por el mercado: el robot de aspecto neutro, aunque conservando suficientes aspectos físicos como para ser considerado un androide. Tanto niños como adultos lo aceptan. Los niños, lejos de percibir su condición de máquina dotada de inteligencia artificial, lo aceptan considerándolo un juguete que responde a todas sus expectativas. Aceptan incluso que sea su profesor en determinadas asignaturas ásperas y un compañero incondicional, siempre atento a sus deseos. Los mayores por ser su memoria, brazos y guardián ante incidencias de condición física. El tan nombrado robot Pepper es un espécimen con brazos y, por tanto, de todo uso, y, por ejemplo, a Zanbo se le asigna el papel de típico robot del hogar. A este último tampoco le faltan expresiones faciales, ya que las reproduce en su pantalla, de 6 pulgadas, en número dependiente de las habilidades del programador.

Figura 7.3. Robot familiar Zanbo (Asus)

La fauna robótica

Como se ha venido indicando, en su corta existencia, menos de dos décadas si el hito se pone en el modelo P3 de Honda (1997), el robot social ha recorrido un gran camino y ha adoptado diferentes morfologías, y hasta géneros. Ha sido un camino de adaptación a las necesidades que se han ido encontrando. Nada diferente a otros eventos tecnológicos con repercusión social. La apariencia física, un aspecto tan fundamental, tal como se ha tratado en los apartados anteriores, parece haber encontrado complacencia en los usuarios y el mínimo rechazo de los que aún se oponen a convivir con robots, incluso cuando los necesitan.

Morfologías

Si en su inicio el interés de los desarrolladores estuvo centrado en el individuo bípedo, a semejanza con la envergadura del ser humano, acaso como eterno reto con la naturaleza, hoy forman tres grupos con muy diversas estirpes. Estos son:

a) Humanoides

Robots con una morfología parecida al ser humano. Se dan tres situaciones:

- **Androide**. Parece un varón.
- **Genoide**. Parece una mujer. Fantasía, sueño de desarrolladores: los robots sociales que el ser humano acerca a su vida están alejados de los más bellos rostros masculinos y femeninos.
- **Geminoide**. Se dice cuando es una copia de un ser humano concreto. La genoide Sophia es un fiel reflejo de la actriz Audrey Hepburn y el androide H1 representa fielmente el rostro de su constructor, el ingeniero japonés Hiroshi Ishiguro. Ambos son robots estrellas, de elevadas capacidades, productos para manifestar públicamente el estado de la tecnología robótica, despejadores de caminos.

b) Zoomórficos

Representan animales. Los más usuales son perros y gatos, pero también se construyen artrópodos y hexápodos. En este grupo destaca la foca bebé Paro, de tanta repercusión, especialmente en ambientes sanitarios y asistenciales.

Figura 7.4. Robots mininos JustoCat (Robyn Robotics)

c) Neutros

Representan el grupo más numeroso. Como se ha indicado en los apartados anteriores, son individuos asexuados, andróginos o infantiles, con aspecto de juguete. La finalidad de sus constructores es que muestren un aspecto alejado del ser humano por el efecto *uncanne valley* descrito. Sus aplicaciones son muy amplias, como se detalla en las siguientes líneas.

En razón a sus posibilidades de movilidad, los tres grupos citados se integran en dos:

- Pasivos

Corresponden a los modelos que reciben denominaciones tan variadas como de sobremesa, de escritorio o asistentes. Son unidades sin movilidad, aunque mantienen las características asociadas a los robots sociales. De tamaño reducido, integran un cuerpo amorfo y una cabeza expresiva en muy diferentes formas. Pueden tener morfología humanoide, zoomórfica o una variedad de formas constructivas en las que no se descartan arquitecturas tipo peluche.

- Dinámicos

Corresponden a las unidades rodantes en todas sus formas constructivas. Son modelos que interaccionan con el ser humano acercándose a él mediante sus mecanismos de tracción, que pueden ser tan variados como las patas para las mascotas y las plataformas rodantes y las piernas para los de apariencia humanoide.

8 OCUPACIONES

Independientemente de la morfología y de sus condiciones de movilidad, los robots comerciales del momento tienden a distinguirse por su aplicación. Son las "ocupaciones" e incluso los "oficios", en el lenguaje de numerosos expertos relacionados con su repercusión social. Tales aplicaciones forman un grupo numeroso, en crecimiento. De ellas se ocupan los siguientes apartados.

No todos los robots presentados a continuación están disponibles comercialmente en el momento de escribir estas páginas, pero sí son prototipos plenamente desarrollados, en espera de la oportunidad para entrar en escena. Se incluyen para dar ejemplo de lo que se espera de ellos. Si los de las labores de asistencia ya están maduros y la oferta comercial es numerosa, no es así con aquellos de los que se espera una gran revolución social, los robots que asuman trabajos profesionales y las tareas domésticas en un amplio espectro. Únicamente es cuestión de tiempo y de encontrar el momento oportuno porque la ciencia para fabricarlos está disponible.

Robots familiares

Por robots familiares se reconocen usualmente los ejemplares multiuso que dan servicios heterogéneos a todos los miembros del clan familiar. Con frecuencia son adquiridos inicialmente para la atención y vigilancia de los niños y de los ancianos durante las horas laborables. Sin embargo, la experiencia está revelando que las habilidades y destrezas que exhiben acaparan el interés general y que se les encuentran otros fines diferentes a los iniciales. Se puede citar como ejemplo la colaboración en el entretenimiento familiar mediante juegos de grupo o buscar contenidos culturales o multimedia en la red, a la que está permanentemente conectado. Robots de tamaño reducido, son también fáciles de programar —generalmente su código es abierto— y de precio bajo comparado con los de mayor tamaño.

El mercado los presenta en dos versiones, aunque con numerosas variantes: con movimiento y estáticos. Los primeros tienen posibilidad de desplazamiento por las estancias, a diferencia de los segundos, que son modelos para situarlos sobre un mueble o el suelo. A pesar de que, generalmente, su cuerpo es menudo y su peso reducido, pueden responder a preguntas en una amplia variedad de temas, identificar a sus miembros, hablar con ellos y ejecutar movimientos y gestos faciales acordes con cada circunstancia.

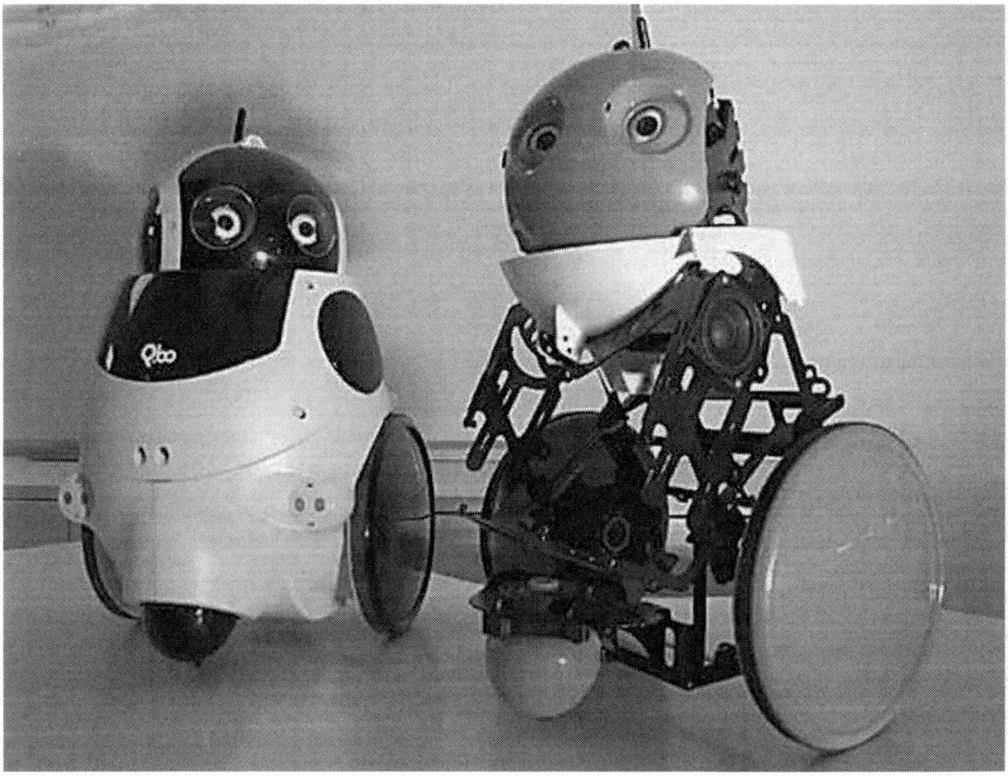

Figura 8.1. Robot QBO, con detalle de su estructura interna. Mide 44 x 32 x 30 centímetros, pesa 19 kg y su autonomía es de 18 horas (Cocuus System)

Es este el apartado más amplio de los "oficios" porque responde a una vasta gama de posibilidades, desde la ayuda en la enseñanza a los niños, la agenda familiar, la caja de juegos para el ocio, las manos que manejan la domótica del hogar o el conductor de los momentos lúdicos.

Robots de compañía

«En 2030, el 80% de los ancianos japoneses tendrán un robot», afirma Itzier Parra, de Unamigo Robotics. Es previsible, la tendencia en Oriente apunta a esa dirección. Lo que desconocemos es si sucederá lo mismo en Occidente, cultura más reacia a contar con los sirvientes mecánicos, como viene demostrando. Sí se observa un creciente interés por parte de los profesionales de la atención residencial y sanitaria llamados por las posibilidades que ofrecen los robots como medio de ayuda a los quebrantos emocionales y cognitivos y a espantar la soledad de los que han visto desocuparse sus hogares. Una notoria diversidad de ejemplares de tipo humanoide, con capacidad para el diálogo y el servicio en múltiples tareas, y otra no menor de mascotas, para reproducir los actos más conocidos de los animales domésticos, se disputan el puesto. En el apartado del servicio a las personas mayores, la ocupación en la que los sirvientes mecánicos están encontrando el mayor eco, destacan cuatro actividades que pueden acometer:

PRESENCIA

Antropólogos y sociólogos afirman que no estamos preparados para la soledad y el silencio. El robot asistente, un mal sucedáneo del natural, suple estas carencias mediante el diálogo en la lengua de los humanos, la ayuda en incontables facetas de la vida cotidiana y, especialmente, su estudiado y estratégico juego de gestos y movimientos, que tiende a despertar las emociones dormidas.

AGENDA

La memoria del ingenio, rodante o no, suple a la erosionada por la naturaleza en el ser humano. El recordatorio de los medicamentos, las llamadas periódicas a los profesionales de la asistencia y la sanidad, y hasta las onomásticas, propias y ajenas, son dictados a viva voz o reproducidos en su pantalla.

VIGILANCIA

La cámara y los micrófonos de los robots asistentes no sirven solo para identificar al atendido y ponerse a sus órdenes: la voz y las imágenes captadas durante el quehacer diario pueden ser enviadas al destino asignado atendiendo una secuencia temporal o ante incidencias; por ejemplo, caídas o afecciones imprevistas de la salud.

Es la vigilancia electrónica, los ojos y los oídos en la distancia para familiares y emergencias.

ENTRETENIMIENTO

La pantalla puede convertirse en el centro neurálgico del entretenimiento, un fiel acompañante virtual. Los gestos y la capacidad de conversación del robot pueden agregar algo de naturalidad. Adosada al cuerpo, es un medio cómodo para las reproducciones audiovisuales y juegos hallados en las redes siguiendo órdenes. Otra ubicación en alza es en sustitución de la cabeza. Se convierte así en símil del rostro humano y en la herramienta para expresar gestos y emociones de lo que se llaman rasgos empáticos, tan del agrado de los que están solos. El altavoz, camuflado en algún rincón de su estructura, es el complemento del equipo audiovisual en que se configura.

A través de su conexión con Internet, el robot accede a los contenidos demandados a viva voz y los reproduce. Esta notoria prestación, tan sencilla dado el estado del arte, supone uno de los mayores atractivos de este “gremio”.

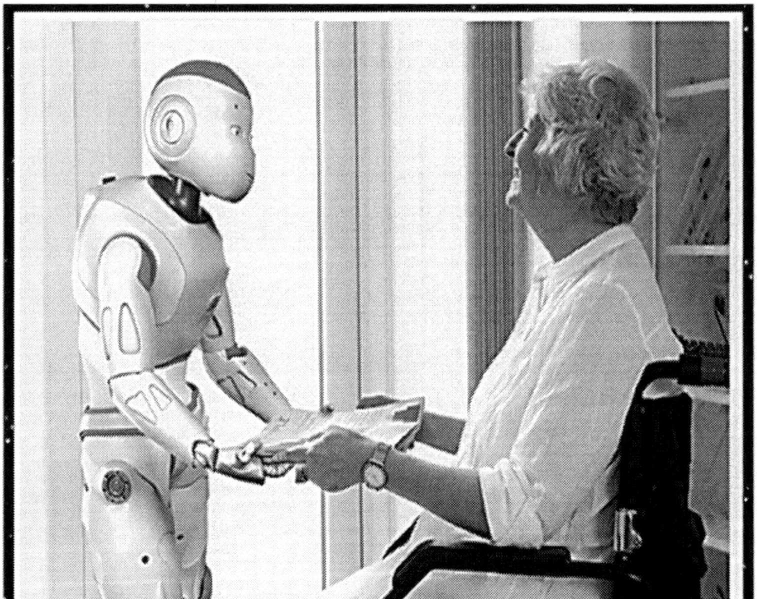

Figura 8.2. Robot Romeo (SoftBank Robotics)

Acaso el único inconveniente de esta aplicación tan meritoria de la tecnología robótica sea que hay que recordar cargarlo con mucha frecuencia y acceder a su conector de alimentación. La tendencia es hacia la autocarga, la acción por parte del robot de localizar el punto de carga y situarse sobre él. Algunos muy avanzados ya lo hacen.

En pocas aplicaciones de los robots sociales se manifiestan tanto los cambios radicales que ha provocado la tecnología de finales del siglo XX. Considerar que el llamado progreso consiste en llevar móvil, poder seleccionar contenidos entre cientos de plataformas audiovisuales, asistir a los sucesos en tiempo casi real y alcanzar los puntos más escondidos del planeta con las aplicaciones de GPS, es lanzar la vista a muy corta distancia. Estamos presenciando la entrada en los hogares vacíos no de una mascota de nuestro mundo sino de un ser artificial predispuesto a asistir a un humano de la generación anterior, la que se ha dado en llamar, despectivamente, nativo analógico, una especie inútil, obsoleta, seres analfabetos por desconocer del presente tanto como los nativos digitales del pasado. Estremece presenciar a un anciano, náufrago en su nido, atendiendo las indicaciones de un robot que busca artificialmente, fruto de la técnica del momento, sucedáneo de la magia, la alquimia que no conseguimos, su favor, su sonrisa, su gesto empático. El anciano, al que le han impuesto un "mayordomo", la palabra con la que se pretende endulzar la decisión, sabe que está a su merced, que el engendro electrónico cuidará de él, que será sus manos, su memoria y hasta sus ojos. El camino no tiene vuelta atrás. Acaso los orientales, más introspectivos por naturaleza, lo advirtieron hace tiempo y no luchan contra molinos de viento. Tenemos a la vista un reto.

El profesor en casa

Si la enseñanza virtual es el futuro inmediato que vaticinan los expertos, los robots tienen asegurado "el empleo".

Son decenas los modelos de escritorio, de sobremesa, y dinámicos, bípedos, desde los de reducido tamaño hasta los de estatura próxima al ser humano, todos con aspecto simpático, cualidad lograda por la industria al amparo de las halagüeñas perspectivas comerciales, que esperan convertirse en compañeros de juego y, a la vez que motivar y entretener, prestar apoyo, corregir deberes y enseñar disciplinas desde lengua a física y química. En una encuesta entre escolares, a los que se les habían facilitado robots para atender su aprendizaje, justificaron su aceptación con estas palabras: «No amonestan cuando nos equivocamos», y «no se molestan si preguntamos muchas veces lo mismo hasta entenderlo». No hay lugar a dudas.

Dotados de un software específico, con permanente conexión a la red a través de un enlace wi-fi para consultas a bases de datos, y, especialmente, con sus estudiados gestos corporales, elaborados con sus propios medios de expresión, los robots educativos atrapan toda la atención y consiguen resultados inauditos. El eslogan de algunos fabricantes «aprender jugando» se manifiesta en toda su extensión. Esta aplicación, junto con la anterior y la roboterapia, que se explica en el capítulo siguiente, son uno de los grandes éxitos de la robótica social.

Figura 8.3. Robot Nao (SoftBank Robotics)

Robots camareros

Corresponde a una de las últimas aplicaciones encontradas para los humanoides de gran tamaño: la atención en la hostelería y la restauración. En los hoteles ya entraron en los años pasados. El caso más conocido es el del hotel Henn-Na, de NagasaKi (Japón) —la isla tristemente célebre por la bomba atómica— por haber estado atendido íntegramente por una plantilla de 243 robots. Corría el año 2015. Un modelo risueño, con las manos abiertas del buen anfitrión, daba la bienvenida y conducía a los clientes a la recepción donde otro uniformado, tras una generosa genuflexión, invitaba a inscribirse en una tableta sobre el mostrador. Asignada informáticamente la habitación, procedía hacer el registro del rostro del recién llegado para que las puertas se abriesen a su paso. El traslado de las maletas, la limpieza y el entretenimiento entre las paredes estaban asegurados con el resto de la plantilla.

De la singular plantilla destacaba Churi-Cha, un modelo aposentado en el centro del mueble auxiliar de las habitaciones. Ofreciendo su rostro más simpático, atendía las peticiones de los clientes, incluidas la temperatura de la estancia, el cine o música a reproducir y el estado de las cortinas. Pero, cuatro años después los gestores decidieron sustituir la mitad con operarios humanos. «Para algunas tareas se mostraban torpes», dijeron. Se habían adelantado.

Donde hoy sí cumplen con lo previsto es en la restauración. Restaurantes de las grandes ciudades del mundo ya cuentan en su plantilla con cientos de robots. Algunas cadenas de comida rápida de alcance global están voceando en los medios de comunicación que en los años próximos abrirán miles de restaurantes a los que acudiremos guiados por los bajos precios y, especialmente, por la curiosidad de vernos atendidos solo por máquinas inteligentes, que hasta se permitirán con los clientes toques programados de ironía y humor. A este autor lo recibió un pequeño robot que, en el trayecto que nos separaba, ambos caminando, él sobre ruedas, dijo como saludo con su rostro angelical creado por sus motores internos y su epidermis flexible, inteligente: ¿«te cuento un chiste?».

Figura 8.4. Alexia. Robot Alexia, guiado por inducción magnética y sensórica. Mide 1,54 metros, pesa 48 kg y tiene una autonomía de 12 horas. Puede transportar una carga de 15 kg (Cosuus System)

El modelo Alexia de la figura 8.4 se desplaza siguiendo una estrecha banda magnética extendida sobre el suelo, alrededor de su zona de operación; por ejemplo, el espacio de las mesas de un restaurante. En ella se han introducido sensores tipo RFID o similares junto a cada punto de parada. Alcanzado el destino introducido previamente por humanos (los camareros reales) mediante una de sus tabletas (tiene una delante y otra detrás) y atendida la comanda, el robot puede entretener a los clientes respondiendo a sus preguntas o localizándoles en la red la información deseada.

Robots domésticos

Otra de las grandes esperanzas de la industria de la robótica social se centra en los modelos dedicados a la asistencia doméstica. Es la prestación más esperada por los usuarios de talante innovador, entiéndase los nativos digitales, y poder adquisitivo suficiente, y también por otra rama aparentemente al margen: los profesionales de la sociología, que esperan, lupa en mano, poder observar el comportamiento de los ciudadanos siendo asistidos en la mesa por humanoides. Les atrae la posibilidad de dialogar con ellos mientras sirven los platos, acaso preguntarles por las últimas noticias de los espacios de su interés y observar sus rostros agradecidos, sin que nada pueda enturbiar su carácter artificial. Algunos expertos consultados por este autor niegan esta posibilidad en el corto, y hasta en el medio plazo, y la remiten a la ciencia ficción. Sin embargo, se mueve, volviendo a recordar las palabras de Galileo Galilei; están aquí, la tecnología está desarrollada, aunque a espera de maduración, una maduración que, por otra parte, no concluirá nunca. Los que nos movemos entre sus mecanismos, sin embargo, no lo ponemos en duda. La Unión Europea tampoco al poner en marcha un proyecto en este sentido. Lo que se da por seguro es que la única incertidumbre que suscita la presencia de un robot doméstico para todas las necesidades del hogar, solamente está en manos del tiempo.

Apuntan los grande gurús de la economía que la presencia efectiva del servidor doméstico supondrá una revolución sin precedentes. Olvidan, o callan, que, como todas las revoluciones, dejará víctimas inocentes por desempleo, los daños colaterales de la ambición con forma de desarrollo y bienestar del mundo moderno. A pesar de los agoreros, se están dando pasos muy avanzados para conseguirlo en el corto plazo. Ya hay modelos con desarrollo tecnológico suficiente para atender todas las tareas del hogar, incluido servir la mesa, tarea donde se cifra el final del camino. Se espera el momento apropiado, y mientras tanto, en espera, los fabricantes miran desde el palo mayor de su navío la evolución social. La gran industria no da pasos en falso, como la fiera hambrienta que espera el descuido para saltar. Lo venimos observando; cuando suena el timbre de aviso en un abrir y cerrar de ojos la tecnología nos cambia la vida, la personal y la profesional.

Figura 8.5. Robot ARMAR, del proyecto PACO

El modelo de la figura 8.5 corresponde al proyecto europeo PACO. Sus siglas vienen de Percepción, Acción y COgnición mediante el aprendizaje. Es lo que se espera del humanoide bípedo que se desarrolla desde hace años en el Instituto de Tecnología Karlsruhe, de Alemania. Se experimenta continuamente, y en diferentes flancos, con las versiones construidas para evaluar su grado de efectividad en todas las acciones que tienen lugar en un hogar, tomando como referencia las que realizan los humanos. Servir un vaso de zumo abriendo previamente el envase, lo que muestra la citada figura, o fregar los platos, ya lo teníamos conseguido.

Robots en el comercio y la industria

«El robot más social del mundo, apariencia cautivadora, amable y prudente, comportamiento humano». Es la presentación que hacen sus promotores del robot para todo más conocido del momento. Con 1,2 metros de estatura, 29,6 kg de peso y una capacidad de rotación de 360 grados, Pepper pone en juego diecinueve grados de libertad para producir movimientos naturales y expresivos. Capta a las personas de alrededor para mantener diálogos en hasta quince lenguas con su computación cognitiva y comunicación casi en tiempo real. Recurre a la nube, en la que pueden residir bibliotecas de datos y celdas de almacenamiento de su aprendizaje.

Figura 8.6. Pepper en conversación con un humano (SoftBank Robotics)

Surgido en Francia de la mano de la compañía Aldebaran, cruzó el océano para instalarse en la japonesa de telefonía SoftBank. Se ha hecho popular por tres aspectos muy diferentes: su atractivo aspecto neutro que dio al traste con el temor al rechazo a los robots realistas, la posibilidad de sus movimientos, especialmente de las manos, y su código abierto para facilitar la entrada de desarrolladores de aplicaciones independientes.

Cabeza	Hombros	Codos	Muñecas	Dedos	Cadera	Rodillas
1	2 x 1	2 x 1	2 x 1	2 x 5	1	1

Cuadro 8.1. Grados de libertad de Pepper

Este tipo de robot para el comercio y similares, citando a Pepper como ejemplo, es demandado para labores de atención al público en certámenes y eventos similares y las relaciones públicas. La gracilidad de sus movimientos y los idiomas que maneja lo hacen adecuado.

Los robots sociales y el comercio de gran público han tenido encuentros amistosos desde el primer momento. Lejos de las innumerables utilidades que se les asigna actualmente, han sido en los inicios auténticos reclamos publicitarios. Con su presencia en acontecimientos públicos, copiaban lo que sucedió con la presentación en sociedad del televisor, en 1923: su desesperado inventor, el irlandés John Logie Baird, aprovechó la única oportunidad que se le brindaba de dar a conocer el equipo que transformaría el mundo: unos grandes almacenes londinenses. Y fue en esos grandes espacios comerciales de concurrencia pública donde, en los años pasados, se puso de manifiesto lo que se venía anunciando: que el robot social con demasiado aspecto humano creaba rechazo en los mayores, aunque atraía a los jóvenes por su vertiente tecnológica y de curiosidad, pero que el neutro se veía con buenos ojos. La advertencia creó un nuevo modo de revestir sus tripas.

El comercio, en sus diferentes formas, recurre a los robots sociales de tamaño próximo al del ser humano y aspecto neutro con una mezcolanza de llamada de atención y utilidad. La versatilidad para ocupar cualquier tarea con solo reprogramarlos y la facilidad para los idiomas, los hacen muy adecuados para la atención al público. La última novedad es el robot acompañante de supermercado. El ingenio mecánico informa al cliente, al que sigue, acerca de los productos y hace de porteador de ellos hasta la caja. Llegado a la meta, el humanoide se despide con palabras de agradecimiento por la visita y se dirige a otro cliente.

Robots mascotas

Los robots mascotas surgieron tras las experiencias positivas conseguidas con los de apariencia humanoide. Las despertó, a finales del siglo XX, la mejoría que se vislumbraba con ellos en niños y ancianos con afecciones en las parcelas emocionales y cognitivas.

Aunque artificial, cuando el deseo es contar con animales naturales, la mascota ofrece refugio en los males del alma para unos y juegos de calor humano para los otros. Su importancia en la roboterapia, tratada en el siguiente capítulo, es considerable. Aquí se ven de modo general, como "animales de compañía", una de las muchas denominaciones que reciben.

La inteligencia artificial los aleja del mero juguete, inasumible para los mayores. La posibilidad de "pensar" y de tomar decisiones en correspondencia con determinadas situaciones les permite simular los gestos, sonidos y movimientos de los animales domésticos naturales, a los que sustituyen. Así mismo, la inclusión de artificios de visión artificial, para identificar a las personas del hogar cuyo patrón haya sido registrado previamente en su memoria, les da un cierto grado de acercamiento y afinidad. Su aparición trae al recuerdo las palabras de Aki Maita, la joven diseñadora japonesa del sucedáneo de mascota virtual Tamagotchi, en el año 1996: «La creé porque quería un animal a quien cuidar y no lo tenía». Aliándose con la tecnología, la emprendedora suplió sus carencias.

Figura 8.7. Robot Aibo de la versión ERS 1000 (Sony)

El perro AIBO (*Artificial Intelligence Robot*) es una buena representación de las mascotas del momento. Creado en los últimos años del siglo pasado y retirado en 2014, irrumpió en los siguientes con más funciones. Con sus 92 x 41 x 27 mm de envergadura y sus 165 gramos de peso, identifica hasta cien rostros captados por la cámara instalada en su nariz. Gruñe, corre, mueve la cabeza, el rabo y las orejas. Detecta obstáculos y aprende a sentarse y acostarse. Sus ojos son tipo led.

Cabeza	Boca	Patas	Orejas	Cola
3	1	3 x 4	1 x 2	2

Cuadro 8.2. Grados de libertad de Aibo

Incorpora un procesador RICS de 64 bits, con 16 MB de memoria y tiene alojamiento para una memoria SIM. Una particularidad de Aibo es que cuenta con un *cloud* de propietario en el que registrar lo que vaya aprendiendo en su deambular diario. Su autonomía es de dos horas, pero cuenta con una aplicación de autocarga: sus sensores traseros detectan la posición del cargador conectado a la red, del tipo magnético, sin contacto, y se sienta sobre él hasta completar la carga.

9 ROBOTERAPIA

Como se ha venido indicando, en determinadas configuraciones de robots se han encontrado unos fieles aliados para asistir a los profesionales de la sanidad. Es la roboterapia, con incidencia mayoritaria en dos patologías: el alzhéimer y el trastorno del espectro autista. En las dos enfermedades, el volumen de afectados es tan numeroso que se le abre la puerta a cualquier indicio de ayuda. Según la Organización Mundial de la Salud se ven afectadas por la primera dolencia entre el 5% y el 8% de las personas de más de sesenta años. Se estima que esa enfermedad neurodegenerativa, sin tratamiento farmacológico, la padecen 50 millones de personas en el mundo, de los que 8,8 millones corresponden a Europa y 67.000 a España, según datos del Imserso. La estimación con alcance global es que la padecerán 82 millones en el año 2030. El segundo, el llamado comúnmente autismo, lo padecen uno de cada ciento sesenta niños, según la misma fuente internacional.

Desde hace muchos siglos se conocen los beneficios de la presencia de animales domésticos en ciertos conflictos emocionales y cognitivos. La roboterapia, disciplina de nuevo cuño, persigue ser una terapia no farmacológica para personas con deterioros físicos, neuronales y sensoriales. Se ampara en robots sociales principalmente del tipo mascota, los que simulan animales tradicionales de compañía, en algunos de tipo humanoide, como el simpático robot saltarín Nao, y en otros de formas constructivas tipo juguete surgidos de la experiencia, porque la roboterapia aún se encuentra en la fase de análisis de resultados. Introducirlos en los sectores sanitario y asistencial supone establecer protocolos de actuación tendentes a observar las relaciones que mantienen los pacientes con los robots y los resultados obtenidos. El deseo principal es que se consiga placer y relajación a través de los canales de interactuación que se producen entre el animal y el ser humano.

A los robots terapéuticos, meros ayudantes del terapeuta a diferencia de, por ejemplo, los casi autónomos que conviven en los hogares con los mayores solitarios, se les asignan dos grandes y esperanzadores retos: conseguir efectos psicológicos y fisiológicos beneficiosos, de mejora de sus constantes vitales, y el aumento de su comunicación social y suavidad de trato con el resto de seres humanos.

Se han puesto en marcha numerosos proyectos para desarrollar robots auténticamente terapéuticos para las dos dolencias citadas. Se pretende que sean modelos específicos y no adaptaciones del catálogo general. Algunos, diseñados con este propósito, posteriormente han manifestado posibilidades para dar otras respuestas, pero no es lo habitual. Uno de los específicos es el proyecto MARIO, que cuenta con el apoyo de la UE. Para tal fin se ha reunido una amplia diversidad de agentes con el propósito de contemplar su diseño desde los más variados prismas: desarrolladores, escuelas, profesionales de la enfermería, asistentes sociales, hospitales y empresas. Los profesionales de la sanidad, en su espectro más amplio, los que estudian los avatares de la sociedad y la industria, de la mano, están llamados a desempeñar un papel muy importante en la lucha contra esos dos renglones torcidos de la naturaleza humana que crean tanto dolor.

Caricias para los mayores

«Los animales de compañía despiertan ternura y mejoran el comportamiento de los pacientes», afirman algunos terapeutas que experimentan los efectos beneficiosos de los robots en personas afectadas por alzhéimer. Era conocido con animales; la esperanza ha llegado de la mano de los robots, los sustitutos artificiales cuando no es posible el uso los naturales. «Los síntomas de incapacidad para comprender, las carencias afectivas y la sensación de aislamiento pueden mejorar, si se les despierta la ternura», sentencian. Con tal observación se abría una importante vía, al menos de mejora. Los animales artificiales, bajo el control de la inteligencia artificial, pueden dedicar estudiados gestos y movimientos de tinte empático que susciten en los humanos afectados esas condiciones descubiertas. Al sentir en su suave piel artificial las caricias que les prodigan manos temblorosas, robots perros y gatos, y otras especies similares de la fauna doméstica, reaccionan afectivamente con gestos y sonidos simulados. Y en los pacientes se despierta la ternura que se busca, quizá recordando lo que perdieron. La roboterapia cumple así su papel de devolver a las personas vínculos con el pasado y mejorar su bienestar emocional y afectivo. Es el humanismo tecnológico.

Juegos para los niños

Karen Guldbes, conocida científica de la Universidad de Birmingham, justificaba así su incorporación al grupo de trabajo que desarrollaba robots en la empresa francesa Aldebaran: «Durante una exposición de productos robóticos en París, una madre vino a decirme que había observado una mejora en el comportamiento de su hijo, afectado de autismo, en presencia de esas máquinas». Inmediatamente propuso acercar el desarrollo de robots al mundo de los niños. Así nació el saltarín Nao.

La experiencia demostraría después que para los niños afectados de autismo, el robot es considerado un compañero solidario y afectivo, del que sienten, dicen, «comprensión y solidaridad». Les llama la atención sus movimientos, sus gestos y palabras, y lo convierten en parte de su vida. Y al sentir capacidad para empatizar, mejoran sus condiciones emocionales y comunicativas.

Los medios

El catálogo de los robots mascota es amplio, pero destaca uno al que se le asocia sin distinción la categoría de robot terapéutico: el robot foca bebé Paro. Es obra de un aguerrido científico de los robots sociales: Takanori Shibata, del organismo público AIST, del que han surgido tantos robots avanzados.

Cuando todavía no se había acuñado el término roboterapia, Shibata emprendió la búsqueda de un animal que sirviese de compañía y despertara auténticos estímulos humanos. Ya existían proyectos de perros y gatos. El ingeniero japonés buscaba algo diferente. Lo encontró en 1993 en las gélidas aguas de Canadá viendo parir a las focas y sintiendo sus sonidos maternales. Consideró que ese mamífero marino conseguiría en las personas con alguna afección, especialmente de tipo emocional, un efecto calmante. Y no se equivocó. Construyó un robot foca bebé y reprodujo su morfología y comportamiento. En 2001 presentó el primer modelo de una serie en continuo avance tecnológico. Actualmente, se está produciendo la octava generación.

Figura 9.1. Robot Paro en compañía. Sus dimensiones son 16 x 57 x 35 centímetros y su peso 2,7 kg (AIST)

De tacto extremadamente suave, Paro puede reconocer y seguir con la mirada a su acompañante, sentir mediante el tacto si le acarician o le riñen y emitir los sonidos característicos de su especie. Cuando se siente bien tratada, se acurruca en la persona que lo sostiene y mueve sus bigotes. Incorpora tres micrófonos, doce sensores táctiles y motores para mover las extremidades y el cuerpo.

En la producción de medios para la roboterapia no solo se han involucrado las empresas especializadas en robótica. Entre otras muchas, Asbro, el gran fabricante norteamericano de juguetes, entre ellos del conocido juego Monopoly, ha presentado su robot mascota Golden Pup. Sensible a las caricias, al tacto y a las señales bucales, reacciona moviendo su cabeza, abriendo la boca y entonando gestos típicos del perro, al que simula.

Figura 9.2. Robot mascota Golden Pup (Joy for All)

Otro robot que, con propiedad, recibe el tratamiento de terapéutico es Leka. Combina la cualidad de ayuda en el trastorno del espectro autista con la de juguete. En realidad ambas condiciones están unidas cuando se trata de niños.

A través de la instalación de aplicaciones informáticas personalizadas, Leka responde con colores y propone juegos. Es un robot intuitivo, con múltiples sensores a lo largo de su superficie, de estructura esférica. Una pantalla sobre una ventana hundida proyecta imágenes de muy diferentes procedencias e informaciones de su situación.

Figura 9.3. Robot Leka manejado mediante una tableta. Su peso es de 1,25 kg (Leka)

En su diseño intervino un grupo de terapeutas ocupados en el tratamiento de niños autistas. Se pretendía obtener una mezcla de juguete y herramienta profesional con la que mejorar las habilidades y las emociones de los afectados. Leka se maneja desde una tableta. La selección de juego, movimientos y música es parte de sus posibilidades.

SEGUNDA PARTE:

Arquitectura

10 DESARROLLO TECNOLÓGICO

Es costumbre marcar el hito en los avatares históricos para evitar que los textos se pierdan en las oscuras simas del tiempo. El curso trazado desde la calenturienta imaginación de brazos artificiales en movimiento hasta su consecución de los robots conduce a la mecánica articulada y al cálculo. En la primera se puede situar al trío formado por Arquímedes, Da Vinci y Galileo; y en el cálculo, a Pascal, Babbage y la pareja formada por Presper y Mauchly. Los primeros, destacando entre ellos Da Vinci, imprimieron movimiento hermanando bielas, poleas y correas; los segundos consiguieron llevar las expresiones matemáticas de la pizarra a los engranajes y a un visualizador final del resultado, al principio lento y después compitiendo con la velocidad de la luz.

Sin la combinación de piezas mecánicas no habría automatización; tampoco sin un medio de cálculo de las distancias de origen a destino para dar en el blanco. Dediquemos unas pinceladas al cálculo; hay anécdotas muy sabrosas con que endulzar la aséptica tecnología, porque de tecnología se trata. Y de tesón en tiempos de oscuridad donde todo parecía imposible. Acaso los grandes desarrollos los ha nutrido hasta florecer el deseo de reto, de doblegar la obstinada dificultad.

El padre de Pascal trabajaba en la recaudación de impuestos a las órdenes del Cardenal Richelieu. La labor de cálculo manual de las imposiciones lo llevaba al agotamiento. Es lo que veía su hijo cada día, cuando regresaba al hogar. Dotado para las matemáticas y la física, que compartía con la teología y la filosofía que lo hicieron famoso, el vástago desarrolló una calculadora mecánica para su padre. Sería conocida como la *Pascalina*, un conjunto de ruedas y engranajes que ofrecía resultados matemáticos tras introducirle los datos. Cuando se la entregó, en 1642, el genio francés tenía diecinueve años.

Dos siglos después, una mañana, Charles Babbage, matemático y profesor de Cambridge, recibió la visita de una audaz jovencita de dieciséis años. Como saludo, le comunicó al encumbrado, que se mantuvo de espaldas, que se había enterado de que estaba desarrollando una máquina analítica capaz de calcular hasta tablas algorítmicas y que deseaba incorporarse al proyecto. La reacción de Babbage fue despedirla; aquello que le venía ocupando las últimas tres décadas, gastando considerables sumas del erario público, no era cosa de niños. Pero Ada, hija del poeta Lord Byron, autodidacta, no se amedrentó: le llenó el encerado de fórmulas matemáticas. Los dos singulares trabajarían sin descanso hasta que la inmadurez de la mecánica y la imposibilidad de conseguir más ayuda económica les llevara a abandonar el proyecto. Ada, desilusionada, abandonó las matemáticas y se casó, sin duda por intercesión de su madre, con un aristócrata. Desde entonces sería conocida como condesa Lovelace. Hoy se le reconoce la maternidad del primer programa informático (hay un programa militar norteamericano con su nombre) y al viejo profesor la paternidad de la computación porque, cuando la fabricación de piezas mecánicas alcanzó la suficiente madurez, otros reprodujeron el proyecto y funcionó.

Finaliza el breve recorrido por los albores de las máquinas de cálculo con el que se considera el primer computador, el ENIAC, en 1946.

Como el reverendo Luther King, J.W. Mauchly, tras un largo camino por la física que le llevó a profesor de universidad, en 1942 tuvo un sueño: construir un ordenador de naturaleza digital. Lo acompañaban prestigio y conocimientos suficientes para ser escuchado. La Armada estadounidense apoyó el proyecto. Pero necesitaba equipo. El puntal principal creyó encontrarlo en J. Presper, un joven ingeniero electrónico. Mauchly llamó a su puerta y comenzaron la construcción, que finalizó cuatro agotadores años después.

El ENIAC era un ordenador de propósito general, reprogramable mediante un conjunto de interruptores dispuestos en un frontal. Podía realizar la astronómica cantidad de tres mil sumas y trescientas multiplicaciones por segundo, una nimiedad hoy. Ocupaba una superficie de 167 m^2 y albergaba dieciocho mil válvulas de vacío, el dispositivo electrónico anterior al transistor, que ya comenzaba a aflorar. Ya nada detendría las máquinas de cálculo avanzado; una pléyade de ingenieros, tanto del sector privado como del universitario, se lanzó al desarrollo de una ingente cantidad de ordenadores cada vez más pequeños y más rápidos.

Pero el ENIAC escondió durante muchos años un detalle humano vergonzante: haber ocultado que las mujeres que se movían alrededor de aquella mole, que despedía una temperatura de 50 °C no eran secretarias, como las presentaron, sino afamadas matemáticas ocupadas de la programación de la máquina. Cuando se extinguió el proyecto, todas alcanzaron notoriedad en la industria de la informática, que se iniciaba con gran rapidez. En reconocimiento, una de ellas, Betty Snyder Holberton, recibió el Premio Ada Lovelace.

Electrónica

Hay quien afirma que la palabra *electrónica*, derivada de la griega *electrón*, comenzó a tomar forma con la invención de la bombilla por parte de Edison. La emisión de luz por medio de electricidad estaba basada en la emisión de electrones, la naturaleza representativa de la afortunada palabra consecuencia del gran descubrimiento de las propiedades del ámbar que hizo Tales de Mileto en las proximidades del Bósforo, la estrecha franja que separa Oriente de Occidente. Hoy la palabra, sin pararse en su origen, es sinónimo de un desarrollo tecnológico que ha abarcado todas las facetas del ser humano. Sin embargo, esa condición se ha alcanzado tras coronar numerosos peldaños, con sus aciertos, fracasos y las inevitables anécdotas que protagonizaron sus escaladores. Se pueden resumir en cuatro escalones de sólida argamasa capaces de sustentar todos los de nivel intermedio:

VÁLVULA DE VACÍO

Conocida popularmente como "lámpara", la válvula de vacío fue el primer componente electrónico con capacidad para gobernar una elevada corriente eléctrica con otra muy inferior. Su primera aplicación fue sustituir los relés de la telefonía, dispositivos mitad electricidad, mitad mecánica, y, consecuentemente, dados a las averías. Pero después le llegaría el gran salto, uno de los más notables que se dieron en las telecomunicaciones: permitir la radiotonía, la radio que habla, dirían los pioneros, desde la muda de telegrafía de Guillermo Marconi. Desde entonces fue la pieza fundamental de todos los desarrollos electrónicos, desde el simple control de los semáforos a los equipos de electromedicina, que ya despuntaban. El radar, para la Marina, fue uno de sus primeras consecuencias.

La ideó Lee de Forest, ingeniero norteamericano (seis matrimonios, todos rotos por infidelidad con su única amante: la electrónica), en los primeros años del siglo XX.

Le llamó "Audion". Se mantuvo en el podio más alto de la ciencia hasta que el transistor alcanzó la adolescencia y, con una rapidez desconcertante, la madurez, y tomó el relevo. Su forma de ampolla con patas, a modo de terminales eléctricos, y su interior semiincandescente fueron sus señas de identidad. Desde la perspectiva del dispositivo que la sustituyó, la válvula de vacío era voluminosa, frágil y una fuente de calor, frente al transistor: frío, económico y del tamaño de un garbanzo (hoy solo ocupa algunas micras).

TRANSISTOR

Desde 1926 se contaba con indicios de que el germanio poseía propiedades semiconductoras, la condición para poder controlar corrientes eléctricas. Pero no se pudo aplicar hasta 1942, cuando se dio forma a un diodo. Un año más tarde se le introdujo un electrodo de control (como la válvula de vacío), llamado base, y nació el transistor. La caliente ampolla de vidrio tenía los días contados. Entre otros equipos, la radio cambiaría su aspecto de pesado cajón a estilizada unidad portátil. El germanio pionero pronto sería sustituido por otro con mejores prestaciones: el silicio. El tamaño del componente también iba reduciéndose.

CIRCUITO INTEGRADO

En el verano de 1958, Jack. St. Clair Kilby, joven ingeniero norteamericano, declinó la invitación de su empresa de disfrutar de las vacaciones. Guardaba un deseo: la oportunidad de tener a su disposición, sin compromisos laborales, el laboratorio y llevar a la práctica la obstinada idea de integrar todos los componentes de una aplicación dada. Lo consiguió: un transistor, tres resistencias y un condensador formaron un generador de ondas. Había nacido el circuito integrado. Pocos años después, el catálogo comercial de aplicaciones era enorme. Había comenzado la miniaturización a gran escala de los equipos electrónicos. Los circuitos integrados, inicialmente de naturaleza analógica, dieron paso a los basados en las leyes de Boole, el creador del álgebra de la lógica, lo que llamamos simplemente "digital".

MICROPROCESADOR

A mediados de los años sesenta del siglo pasado, una compañía japonesa dedicada a fabricar calculadoras, la réplica moderna de la *Pascalina*, se dirigió a Intel, un fabricante destacado de circuitos integrados, solicitándole que le desarrollara uno que sustituyera la docena que se veían obligadas a albergar sus máquinas de sobremesa. Se aceptó el reto. La respuesta fue el microprocesador 4004, de 4 bits, en el año 1969. Contenía la asombrosa cantidad de 2.300 transistores.

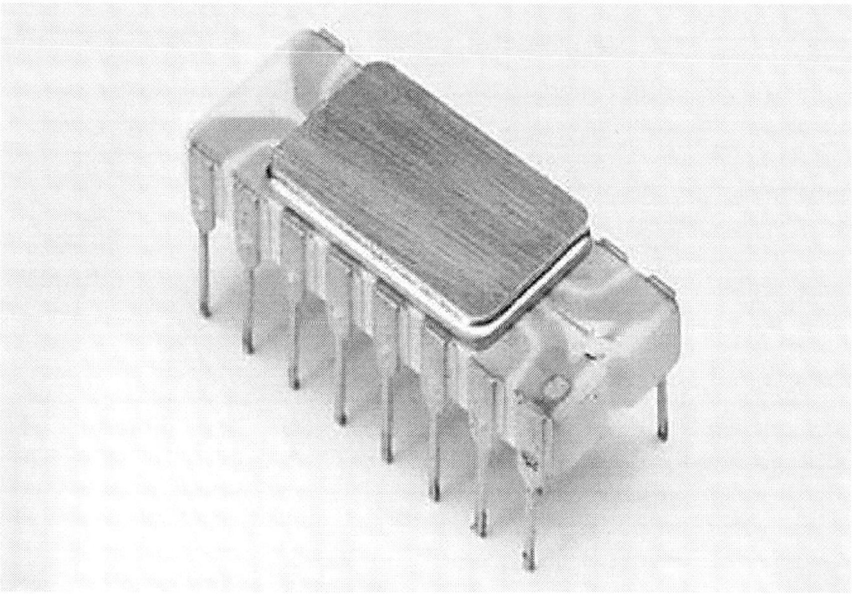

Figura 10.1. Circuito integrado 4004 (Intel)

Envalentonados por la hazaña, en Intel se activaron todas las señales; el momento, dijeron, es de la microelectrónica. Se imponía para poder avanzar en la informática, que se vislumbraba como un nuevo maná industrial y económico. Un año después nacía de las mismas manos el 8008, un microprocesador de 8 bits logrado con 3.300 transistores. En 1976 la firma produciría el microprocesador alma de los ordenadores personales de IBM, el 8086. Bajo una cápsula de cuarenta terminales encerraba veinte mil transistores. Hoy tienen millones.

Mecatrónica

Mecánica y electrónica son el esqueleto y el cerebro de todas las máquinas animadas, desde los brazos fabriles a los robots sociales que atienden las carencias de los humanos. Su unión se acuña como mecatrónica. Naturalmente falta un tercer componente que ponga orden, que detecte situaciones y coordine acciones en correspondencia. Es el control, sencillo en los brazos básicos y auténticas unidades basadas en la inteligencia artificial en los robots industriales avanzados y en la robótica social.

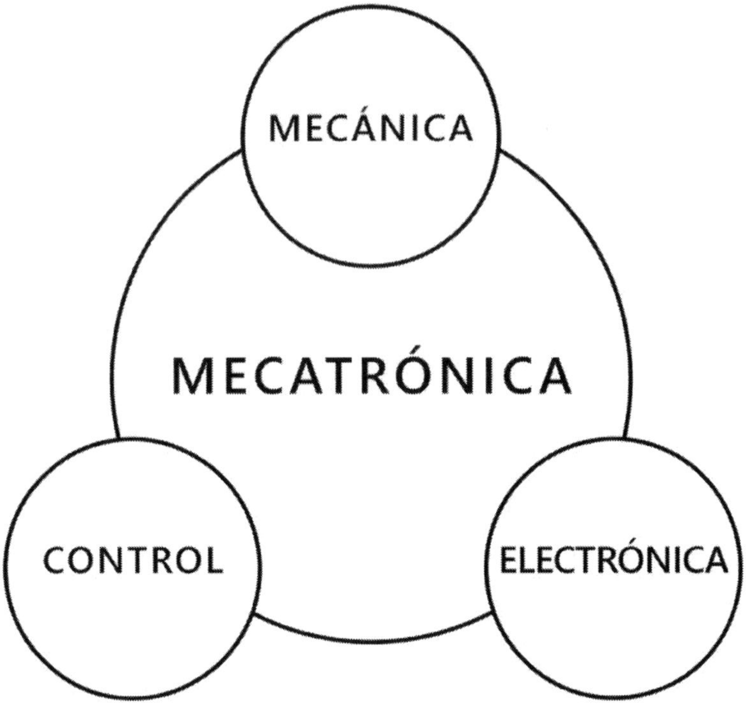

Figura 10.2. Configuración de la mecatrónica, con sus tres unidades interdependientes

La mecánica, con sus articulaciones, es la que ejecuta los movimientos demandados, la electrónica la que se los facilita a través de los motores eléctricos y asociados instalados en los puntos de gravedad, los llamados grados de libertad, y el control el que gestiona todo el funcionamiento conforme a lo previsto. El software, perteneciente al control, es el que dispone. La figura 10.3 muestra un componente mecatrónico, con detalle del brazo y otros componentes de giro, donde se encuentran dispuestos los servomotores para facilitarles los grados de libertad necesarios. Un armario asociado contiene toda la electrónica de control.

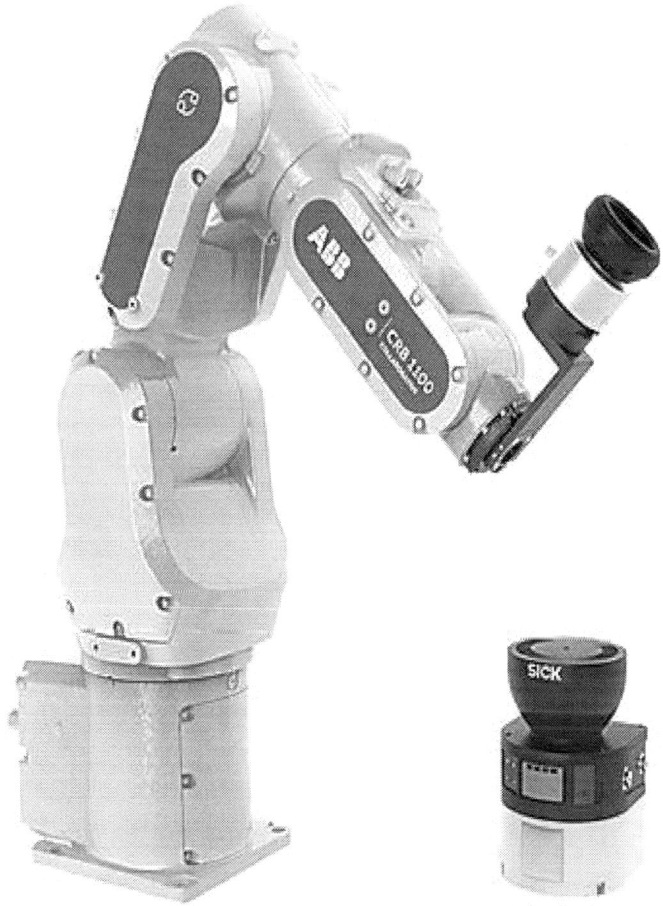

Figura 10.3. Unidad mecatrónica (ABB)

El mundo conectado

Se dice que un robot sin conexión a la red es como un estudiante sin sus apuntes. El mundo de hoy vive conectado. La red es el pulso de las sociedades avanzadas y su detención sería un cataclismo. Pero ¿desde cuándo?, ¿quién tuvo el sueño de cambiar la vida de las gentes apacibles que a la vida solo le pedían vida? Como demuestra cada periplo que discurre en todos los grandes desarrollos, la navegación se inicia con una idea, se fondea en innumerables puertos, de los que después nadie se acuerda, y finaliza con la feliz llegada al destino. Dos nombres brillan en el trayecto: Vannevar Bush (1890-1974), polifacético físico, profesor y asesor gubernamental en asuntos de Defensa del Ejército de Estados Unidos, y Timothy J. Berners-Lee (1955), inglés, científico, hijo de matemáticos que colaboraron en el desarrollo de un computador en Oxford. El primero lanzó la idea y el segundo la materializó en el subsuelo, a cien metros de profundidad, en el CERN, el Centro de Investigaciones de Altas Energías Europeo, donde se disecciona el átomo, acaso donde se encuentra el remanso de paz necesario para ese brote de alquimia.

En 1945, Vannevar publicó un artículo que revolucionó el mundo académico: «¿Cómo podemos pensar?». Imaginaba el mundo conectado y aspiraba a construir una máquina que pudiese memorizar información por voz, con capacidad para recuperarla mediante un índice de contenido. Pensaba en el hipertexto. Su máquina, que no concluiría, pero que abrió la puerta a otros, se llamaba MAMEX, acrónimo de **MEM**ory Ind**EX.** Otros ya perseguían la unión de ordenadores a través de las líneas telefónicas. En 1958 apareció el primer módem.

Tres décadas después, Timothy combinaba sus labores en el CERN con un ambicioso proyecto de hipertexto. Los ordenadores ya hablaban entre sí a través de módems, pero en redes cerradas, compartimentos estancos. El británico quería unirlos todos. No encontró apoyo, demasiada altura. Abandonó el CERN y se puso de lleno al proyecto. Cuatro años después volvió con la solución. En 1989 se produjo la primera comunicación entre ordenadores y un servidor. En 1990 creó el lenguaje, el que permite combinar texto e imagen y establecer imágenes. Un año después la WWW (World Wide Web), la red, ya era una realidad. Los navegadores la completarían y se cumpliría el sueño de Vannevar.

La red es el diccionario enciclopédico y el bloc de notas de los robots. A través de un enlace de radio, el convencional para manejar el resto de los equipos electrónicos, el ingenio mecánico busca lo que necesita para atender la demanda de los usuarios. Y en la nube, abierta o de condición privada, acumula sus experiencias para el desenvolvimiento diario en la vida, como los humanos almacenan en las neuronas lo aprendido. No hemos hecho sino imitar.

11 LO QUE ESCONDEN LOS ROBOTS

Los robots combinan movilidad e inteligencia. Es movilidad cuando sus brazos atienden una demanda en la industria y es movilidad e inteligencia cuando, en un entorno social, toman la decisión de desplazar sus órganos motrices y de comunicación tras escudriñar el ambiente circundante con los avispados ojos y los finos oídos de su conjunto de sensores. En ambas aplicaciones, sus circuitos les hacen responder a la demanda de variables; en los sociales interviene la identificación física y emocional del interlocutor (voz e imagen), conforme a lo previsto en su programa de configuración inicial por software y a las condiciones ambientales de su entorno. La figura 11.1 esquematiza el principio de la composición básica de los robots.

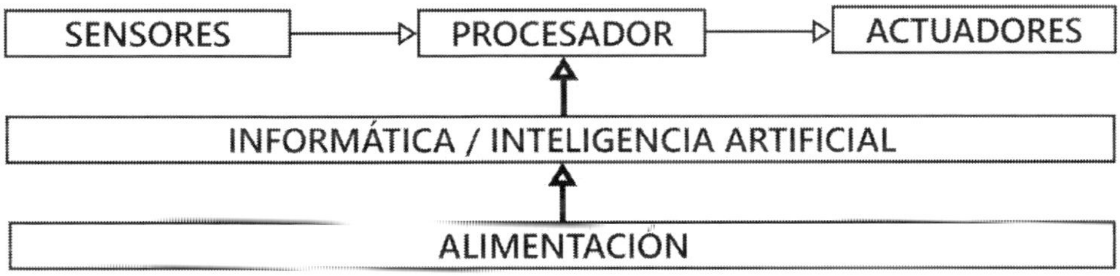

Figura 11.1. Composición básica de los robots

En tres grandes unidades esenciales, y bajo el estricto gobierno de la unidad de gestión (informática/inteligencia artificial), tienen lugar todas las funciones y tareas a desarrollar:

SENSORES

Componentes de detección de las situaciones. Pueden ser internos, de información del estado y posición de las articulaciones mecánicas de tracción y movimiento del cuerpo, o externos, para conocer su entorno de trabajo y los obstáculos a su alrededor. Son las entradas de información al medio informático, el procesador de gestión del conjunto.

PROCESADOR

Es el procesador de a bordo. En él convergen las entradas de situaciones (sensores) y parten las salidas para poner en funcionamiento los actuadores, los electromecanismos que imprimen el movimiento del cuerpo y las posibilidades de interactuación del rostro si son de la versión social. Si el robot incorpora una pantalla táctil en el pecho, espalda o cabeza destinada a dar o recibir información, la gobierna el mismo procesador a través de sus conexiones de salida.

ACTUADORES

Medios, usualmente electromecánicos, distribuidos por la estructura del robot para ejecutar las instrucciones de movilidad y comunicación con el ser humano.

El bloque de informática/inteligencia artificial dota al robot de las dos prestaciones necesarias para que pueda ejecutar las demandas del usuario teniendo en cuenta las condiciones del entorno, incluida la identificación por voz o imagen.

Desarrollo del programa

«El robot hace y dice lo que se le permite». Frase abreviada con la que en ocasiones se salda la definición de los robots sociales. Solo tiene de cierto que los robots atienden en el primer momento el programa de desarrollo de actividades creado para ellos. Es el software de configuración inicial a su activación, como en un pc o equipo similar. En ciertos robots, esas instrucciones se almacenan en una tarjeta SIM al modo de otros equipos electrónicos.

Decisiones

La inteligencia artificial es el alma de los robots. Tras el software de arranque, surge la necesidad de tomar decisiones y actuar en correspondencia con las órdenes recibidas y las condiciones del entorno. Es el turno de los algoritmos de la inteligencia artificial, esa parte específica del software.

El cuerpo

Con sus sensores de tacto, presión, obstáculos e imagen y sonido, y otros que reparten a lo largo y ancho de su estructura, los robots conocen la situación y el punto de partida. En los sociales, la inteligencia artificial les facilita la identificación y la detección del estado emocional del demandante del servicio. De lo previsto en su programación inicial, lo aprendido mediante sus redes neuronales —una forma del software de la inteligencia artificial— y por su conexión a la red a través del enlace wi-fi, tomarán las decisiones necesarias para ejecutar sus movimientos corporales y faciales y establecer la comunicación con el ser humano. Los del tipo que incorporan una tableta, como el popular Pepper, volcarán sobre sus pantallas los datos necesarios, los que también pueden recibir del procesador por ese medio. Una batería y su unidad de carga les facilitarán la alimentación para todos los circuitos.

El aumento de motores para incrementar los grados de libertad, especialmente del rostro, para acciones relacionadas con la empatía con el ser humano, reduce sensiblemente el tiempo entre operaciones de carga. Es uno de sus inconvenientes, especialmente en entornos con personas mayores dependientes o niños. Como solución de compromiso se tiende a que los rostros sean virtuales: una pantalla a modo de rostro en la que representar y expresar gráficamente las llamadas emociones. La introducción de este medio de interactuación no ha mermado su aceptación; acaso la ha favorecido por el considerable aumento de gestos que se pueden reproducir. Y como ventajas añadidas se reduce el precio del producto y las pantallas pueden ser empleadas como medio reproductor audiovisual de amplio espectro; por ejemplo, cuando al robot se le pida acceso a un documental o película de las plataformas de servicios multimedia.

Atendiendo a su configuración, a su apariencia antropomórfica, zoomórfica u otras formas constructivas, y a las funciones o prestaciones a las que se destinan, los robots de aplicación social, los destinados a convivir con los seres humanos, se pueden considerar formados por los siete grupos de componentes que muestra el cuadro 11.1.

Piel	Superficie externa. Se recurre a materiales que deben cumplir condiciones muy severas de rigidez y suavidad.
Electrónica de control	Unidad encargada del gobierno de los electromecanismos que dan lugar a los grados de libertad, entre ellos los que muestran las expresiones faciales, el gran atractivo de estos sirvientes mecánicos.

Mecanismos y electromecanismos	Componentes encargados de manejar las articulaciones que dan lugar a la movilidad en todas sus formas.
Sensórica	Componentes de guiado, tacto y captación de situaciones ambientales y del entorno.
Sentidos	Cámaras 2D y 3D, micrófonos y altavoz para identificación y diálogo con los interlocutores.
Unidad informática	Medio de control global, comunicación con el exterior a través de una red wi-fi y albergue de la inteligencia artificial.
Alimentación	Batería y su unidad de control de carga/descarga para todo el funcionamiento.

Cuadro 11.1. Composición básica de un robot

Lo presentado en el cuadro 11.1 es una síntesis que sirve para sentar las bases del contenido de los robots. Los siguientes apartados se ocupan de ello y de sus implicaciones en el funcionamiento general.

GRADOS DE LIBERTAD

Como se ha adelantado anteriormente, en mecánica, los grados de libertad corresponden a las coordenadas independientes para especificar la posición de un cuerpo respecto a un punto dado. En los robots expresan numéricamente los movimientos que pueden ejecutar a lo largo de su estructura corporal y facial. Lo consiguen a través de los indicados electromecanismos, componentes compuestos básicamente por motores, sus circuitos de control de velocidad y posición y sus unidades asociadas de desmultiplicación de la velocidad de giro. Se encuentran dispuestos en las articulaciones de los mecanismos esenciales de movilidad de la estructura para ejercer determinados desplazamientos y giros, que pueden ser lineales, para adelantar o retroceder respecto de un objeto dado (piernas, brazos, dedos, boca, cejas...) o rotacionales, para el tronco, las muñecas o el cuello. Como se desprende de su finalidad, el número determina las posibilidades de acciones de movimiento y expresiones del rostro. La figura 11.2 muestra un ejemplo correspondiente a la estructura de un robot de gran tamaño. Representa detalles de los puntos sobre los que se disponen los electromecanismos para proporcionarle los grados de libertad que definen al robot.

Figura 11.2. Estructura interior del robot bípedo Wabian 2R, con 41 grados de libertad (Waseda Univ.)

Tales grados de libertad, distribuidos a lo largo del cuerpo, se hallan en los puntos que señala el cuadro 11.2.

Pierna	Pie	Cintura	Tronco	Brazo	Mano	Rodllla
6 x 2	1 x 2	2	2	7 x 2	3 x 2	3

Cuadro 11.2. Posición de los grados de libertad de Wabian 2R

LA EPIDERMIS

Para la cubierta o piel, conforme al símil humano, de los robots se distinguen dos terminaciones principales: las blandas y las duras. Las primeras encuentran su aplicación en los ejemplares tipo mascota y las segundas en los humanoides, aunque con excepciones. Independientemente de la forma, tal cubierta debe cumplir condiciones muy severas de rigidez, suavidad y bajo peso. Se tiende a los materiales biodegradables e inteligentes, fruto de la nanotecnología. Con ellos se les facilitan condiciones de flexibilidad y ligereza, tan necesarias para conformar los rostros y las manos. Los polímeros electroactivos, los que responden a estímulos eléctricos y electroestáticos, con su capacidad para cambiar la forma con señales eléctricas desde la unidad de control o por decisión de la inteligencia artificial, son los candidatos del futuro. Son los inteligentes, los blandos, con los que más se asemejan al ser humano. Los duros responden a aleaciones metálicas o plásticos en una amplia variedad de combinaciones. Son más económicos que los anteriores y se emplean actualmente en la gran mayoría de robots. Se recurre a los llamados "composites" (resinas formadas por materiales sintéticos), plásticos ABS y similares, y polietilenos.

Un apartado especial de la cubierta corresponde a los robots mascota, los que simulan peluches, gatos, perros y hasta el bebé foca de nombre Paro citado anteriormente por su implicación en la roboterapia. Para esta vertiente de los robots sociales se pueden emplear fieltros. Sin embargo, como se ha adelantado líneas arriba, la tendencia en el medio plazo es hacia la piel artificial inspirada en la humana basada en los principios de la nanotecnología. A lo indicado aportan la posibilidad de introducirles delgadas conexiones eléctricas destinadas a dar información de situaciones; por ejemplo, cuantificar la presión ejercida sobre sus manos, la temperatura del que toma las suyas y la localización del punto de incidencia a lo largo de toda la longitud del tejido. Las prometedoras posibilidades de esos materiales está acelerando la investigación en muy diferentes líneas de la nanotecnología. Un paso más hacia la simulación del organismo humano.

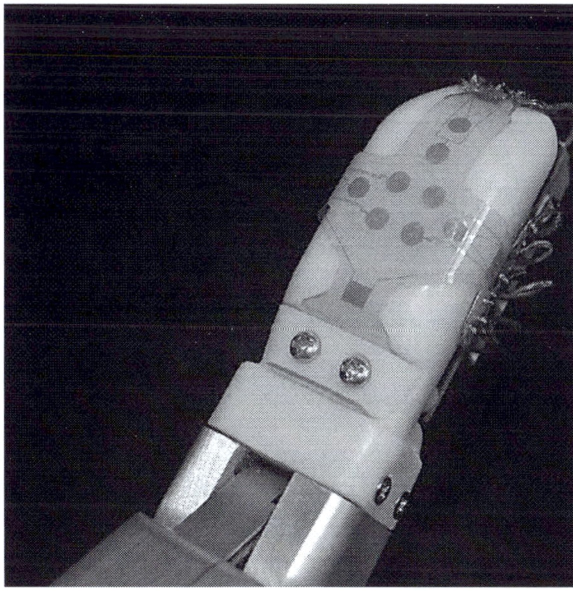

Figura 11.3. a) Mano con tejido inteligente y microfibras de detección de temperatura y presión (Universidad de Washington)

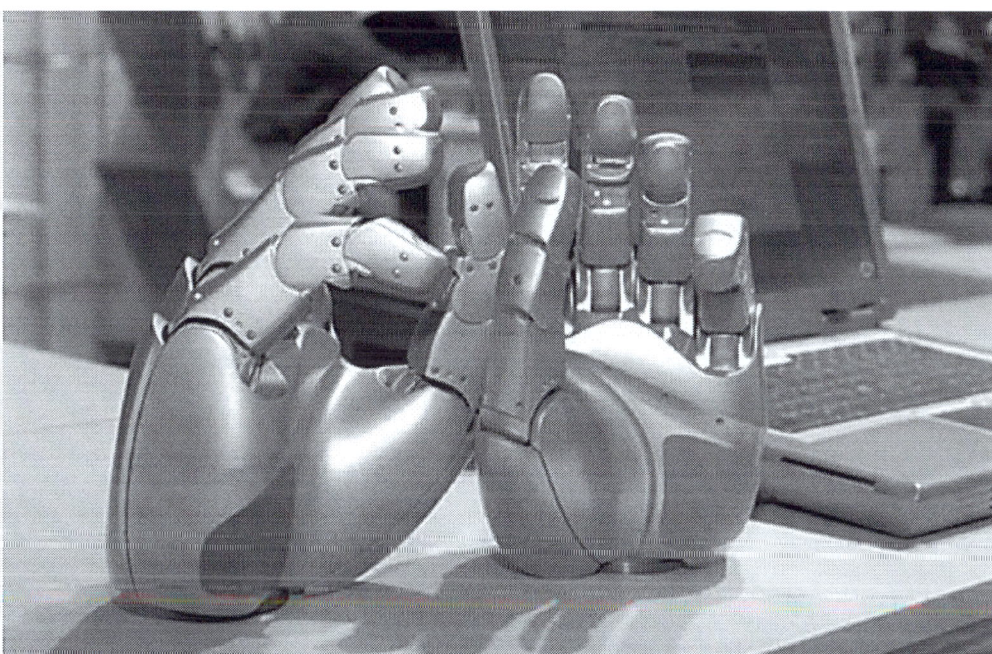

Figura 11.3. b) Mano convencional (Maxon Motor)

Aunque ahora los tejidos cuenten con suficiente tecnología para albergar los simulacros de fibras nerviosas del ser humano, en el lejano año 1948, las tortugas Elmer y Elsie, del neurólogo W. Grey Walter, ya disponían en sus caparazones de control de temperatura y presión.

EL ESQUELETO

Por razones obvias, la complejidad del esqueleto responde a la envergadura y a los grados de libertad con que se dote a cada robot. A modo de ejemplo, el robot multitarea Nao, con veinticinco grados de libertad distribuidos en cabeza, tronco y extremidades, requiere una estructura compleja. Y aunque solo mide 58 centímetros porque se destina espacialmente al mundo infantil y juvenil, es un auténtico saltimbanqui capaz de las mayores acrobacias y los gestos faciales más difíciles para un equipo mecánico. Su estructura, en consecuencia, está poblada de miniaturizados electromecanismos, motores y sus componentes asociados para facilitar movimientos lineales y circulares, desde girar el tronco o la cabeza hasta abrir y cerrar los ojos. Zenbo, sin embargo, un robot asistencial, solo mueve la cabeza a efectos de inclinación y las ruedas para desplazarse. Las expresiones faciales las simula una pantalla, la variante del rostro humano, tendencia en crecimiento. Ambos modos constructivos se han podido ver en el capítulo dedicado a las utilidades u "oficios", en el lenguaje que se está imponiendo, acaso para acercarlos más al ser humano. El de la siguiente figura corresponde a un robot complejo para facilitarle un elevado número de grados de libertad y de carga de sus manos.

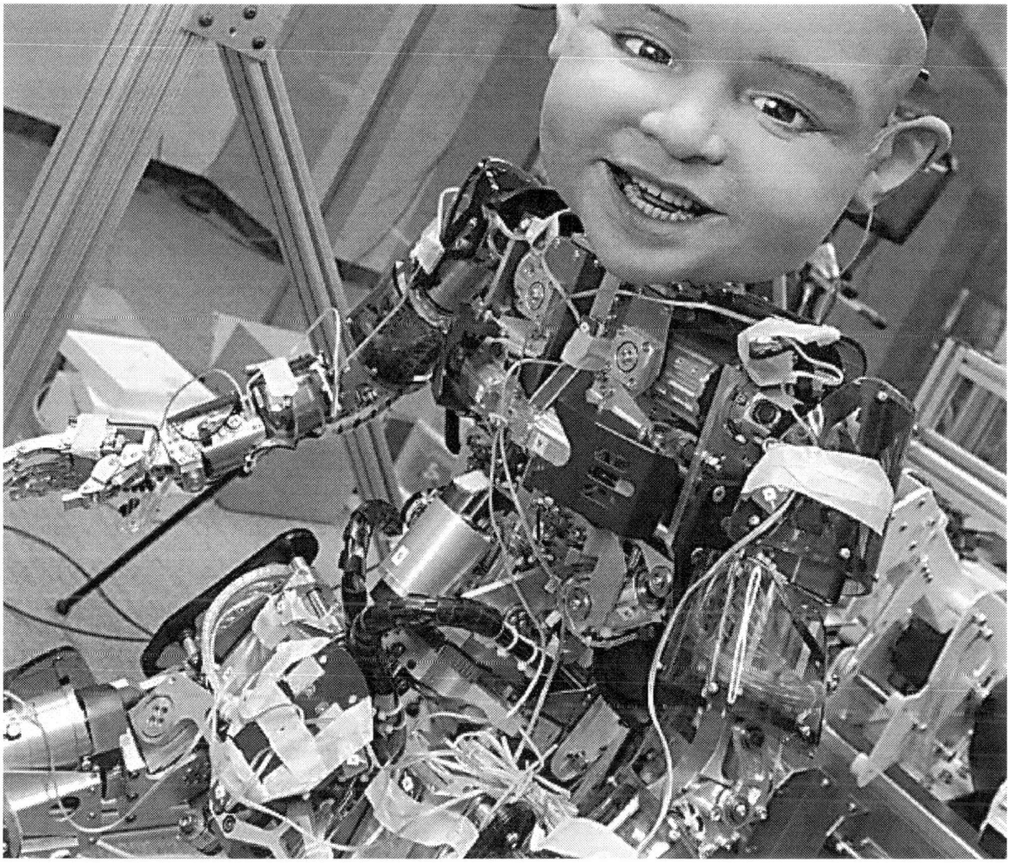

Figura 11.4. Estructura de Diego-San (Hanson Robotics)

A diferencia del de la figura 11.4, los robots de tamaño reducido, los llamados asistenciales empleados en funciones de mayordomo del hogar (otro empleo en boga), como el entretenimiento del clan y la enseñanza y juegos de los niños, concentran prácticamente todos sus mecanismos y la electrónica necesarios en la cabeza. Dos micromotores permiten su movimiento fundamental, el de los ojos, donde se albergan las cámaras de reconocimiento de las personas y los objetos. Es el caso del robot Qbo.ONE, una referencia.

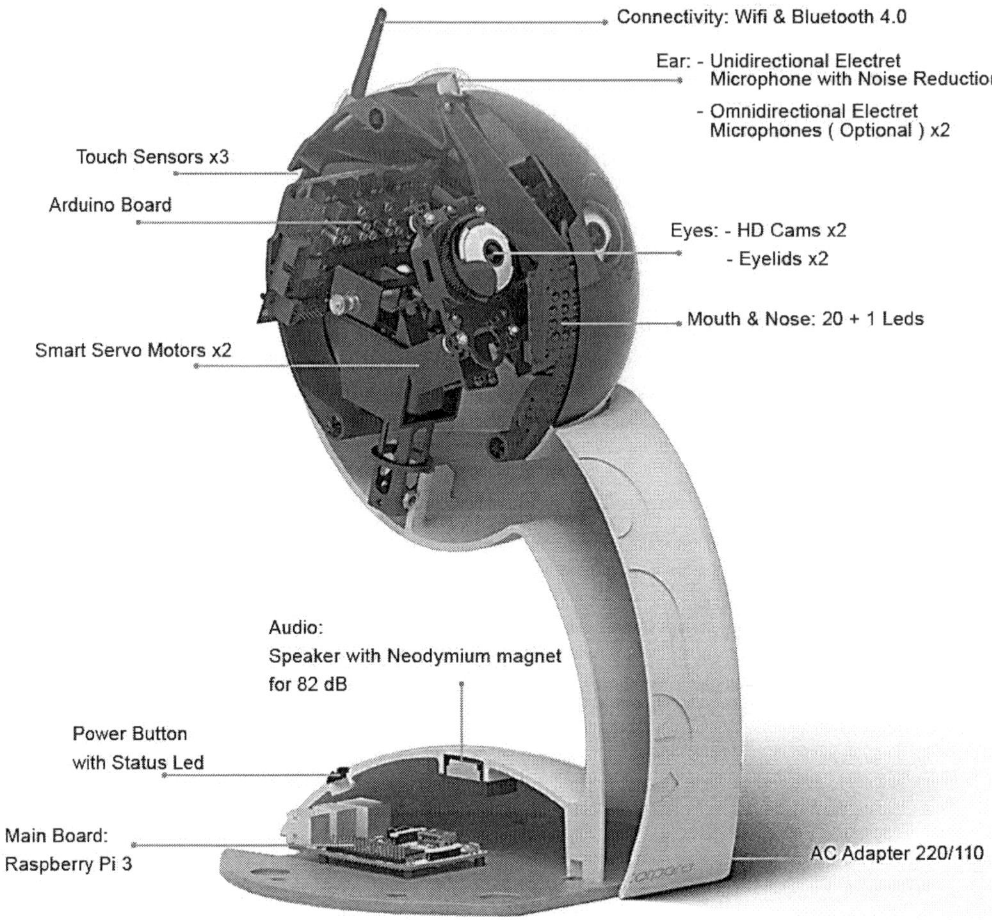

Figura 11.5. Robot Qbo.ONE al desnudo (Cocuus System)

EXTREMIDADES

Los mecanismos de traslación de los robots adoptan usualmente dos formas: la movilidad de las piernas, al modo humano, y el desplazamiento de toda la estructura mediante un conjunto de ruedas. Los de estructura bípeda, cuadrúpeda y hexápoda presentan piernas que requieren una gran complejidad mecánica. Aún se recuerda la caída del robot Asimo mientras subía una escalera para someterlo a unas habilidades para las que aún no estaba preparado. Y es que el ser humano puede correr manteniendo durante breves momentos los dos pies en el aire, pero los robots no. El procedimiento más recursivo para los de aplicaciones sociales, donde las piernas aportan poca utilidad, a diferencia de los brazos y las manos, son el tronco único y ruedas motrices. Se distinguen los que las incorporan en triciclo y los que se sustentan con dos y otras accesorias de soporte para mantener el equilibrio. Este último procedimiento opera en modo diferencial, con cambio en la velocidad de las ruedas laterales en los giros. En la tendencia a tronco único desde la cadera intervienen criterios económicos —las piernas incrementan en grado considerable la complejidad y el costo— y la estabilidad. La estructura de tronco solidario con el medio de traslación se adapta a todas las situaciones en los entornos sociales. Los futuros robots para aplicaciones de la construcción, bomberos y similares citados anteriormente, sin embargo, deben recurrir más a los brazos y las piernas de la robótica industrial para asemejarse al ser humano y poder cumplir su cometido.

Figura 11.6. Robot TEO de la Universidad Carlos III de Madrid durante su ensamblaje. Este robot ha realizado tareas tan útiles como el planchado de ropa

Las manos son motivo de constante desarrollo. Responde a la necesidad de facilitarles tareas cada vez más complejas. Si los destinados a la asistencia en el hogar y al entretenimiento y enseñanza de los niños —un grupo en alza por las utilidades que se le están descubriendo— no las precisan o se limitan a mover unas manos sin falanges ni dedos, con un bloque compacto con solo movimientos en los ejes x/y, los de compañía para edades avanzadas y situaciones similares necesitan destrezas parejas a las de los seres humanos para tomar objetos y llevarlos al lugar previsto, señalar posiciones e incluso palpar a las personas a su cargo. El robot Pepper, a modo de ejemplo, puede despertar a su dueño tocándole el hombro con su dedo índice.

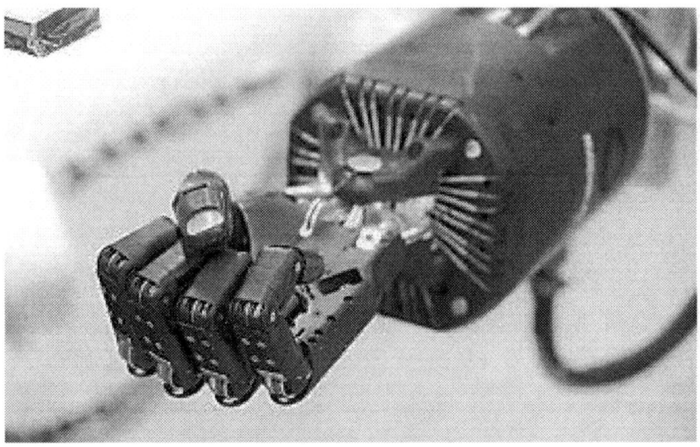

Figura 11.7. Mano articulada con grados de libertad en giro y dedos y sus falanges (Shadow Robot)

La carga a soportar y las posibilidades de detección determinan la arquitectura de las manos. De modo básico, el control de los dedos se obtiene acoplándoles sensores de posición, componentes accesibles en el amplio catálogo de sensórica industrial. Sin embargo, los tejidos inteligentes tratados en el apartado anterior son una tendencia con vistas al futuro a corto plazo para que los robots puedan interpretar el tacto, la temperatura y la presión y detectar incluso el dolor durante el abrazo con los interlocutores humanos. Son los polímeros electrostáticos para las extremidades blandas, tan diferentes de las aleaciones para las duras, aunque ya se están empezando a emplear aleaciones binarias para facilitarles un tacto con propiedades muy elásticas. Es el caso del NiTi (Níquel y Titanio), material que da lugar a actuadores nitinol o aleaciones con memoria, con variación dimensional en correspondencia con la temperatura. Con él se pretenden simular los músculos humanos.

SISTEMA INFORMÁTICO

El centro neurálgico de los robots es el sistema informático, con sus instrucciones de configuración y su carga de inteligencia artificial. Como en un pc, la unidad adopta la forma de una placa basada en un procesador avanzado rodeado de memoria, con entradas y salidas. En ella convergen las señales analógicas y digitales de los sensores y proporciona como respuesta las salidas necesarias para arrancar y mantener controlados los actuadores encargados de los movimientos, los captadores de situaciones y los de audio y vídeo (micrófono y cámaras).

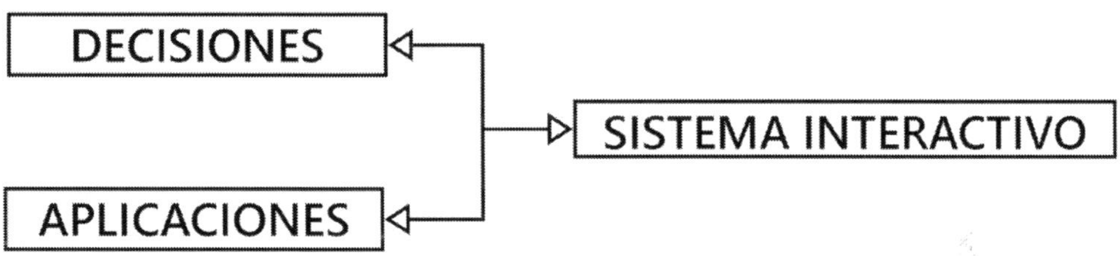

Figura 11.8. Diagrama del sistema informático

El robot Pepper incorpora el procesador Atom E3845, de Intel, de cuatro núcleos, a 1,9 GHz de velocidad, con 4 GB de memoria y corre con los sistemas operativos libres GNU/ Linux. Contiene, asimismo, un sistema experto NAOqiOS y un motor de inteligencia artificial Emotional Ingene. Como tantos robots de estas aplicaciones, su código es abierto para facilitar la expansión a través de los desarrolladores independientes, los profesionales que generan aplicaciones para las tareas más diversas del mercado. El versátil Pepper ha encontrado un elevado número de aplicaciones, desde asistente doméstico a relaciones públicas. El robot mascota perro AIBO, sin embargo, que ejecuta dieciséis movimientos, cuenta con un microcontrolador de juego de instrucciones reducidas (RICS) y 16 MB de memoria. La figura 11.9 muestra a modo de ejemplo de la unidad informática, la forma y posición que ocupa en el robot estrella Sophia.

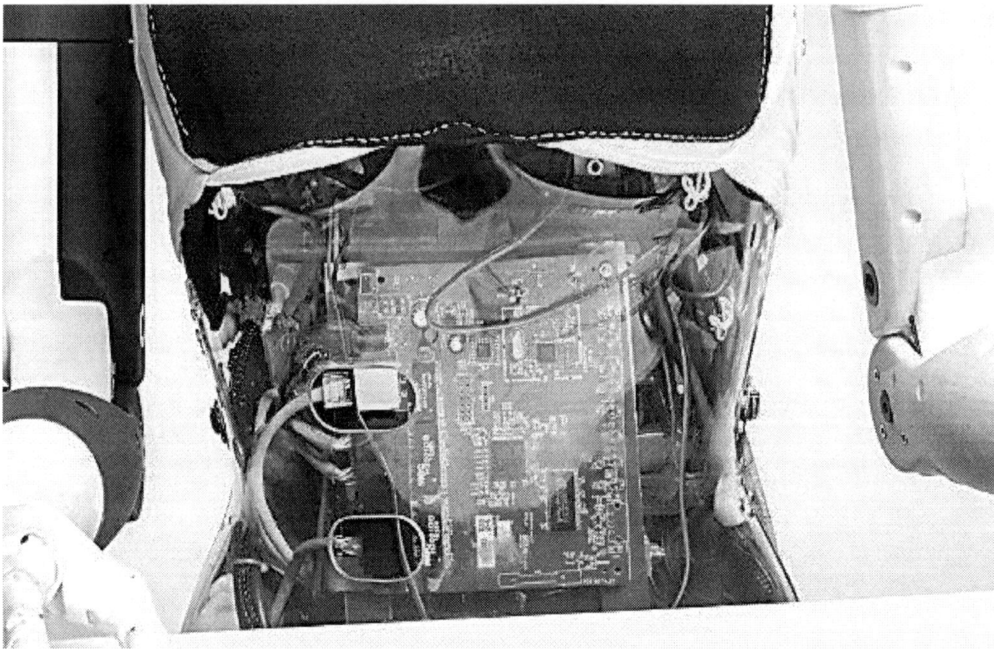

Figura 11.9. Detalle de la unidad de proceso del robot Sophia (Hanson Robotics)

La comunicación de la unidad de gestión con las redes exteriores es imprescindible. La conexión RJ-45, en algunos ejemplares, y el enlace IEEE 802.11 vía wi-fi en todos, permiten las tareas de configuración inicial y el desenvolvimiento de la actividad después. Se desarrollan a través de plataformas que suministran los fabricantes o los desarrolladores y la comunicación con Internet. Si no es fruto de un aprendizaje anterior, es en la red de redes donde, en lenguaje TCP/IP, los robots encontrarán las respuestas a las preguntas que se les formulen. También es en la nube donde se irá almacenando lo aprendido, las experiencias del robot. Esto último es forzoso porque, a diferencia del cerebro humano, con mucho espacio aún no ocupado, la memoria física de los robots es limitada; la del robot Pepper citado más arriba es de solo 4 GB de RAM.

RECONOCIMIENTO DEL MEDIO

Reconocer el medio es identificar dónde se encuentran el robot y la situación de los objetos a su alrededor. Y durante su dinámica, detectar la posición de sus órganos motrices, localizar los obstáculos a sortear y alcanzar el destino indicado por su configuración o la inteligencia artificial. Es el trabajo de los sensores internos, un sucedáneo de los sentidos y las fibras nerviosas que posee el ser humano.

El esqueleto está impregnado de sensores en una amplia diversidad; los ejes de los motores que le facilitan los movimientos de tracción, corporales y faciales (tronco, extremidades, boca, ojos, pestañas...), se encuentran asociados a sensores de posición angular y longitudinal para determinar los trayectos. Los de tipo giróscopo e inclinación controlan el movimiento sobre su eje de la aceleración y la estabilidad de la estructura.

Figura 11.10. Tronco del robot TEO (Universidad Carlos III de Madrid)

Los sensores externos corresponden al guiado. Aunque pertenecientes al mismo grupo, son diferentes en estructura y función. Emplean procedimientos de telemetría para hallar la distancia al objetivo. Tres son los empleados:

Óptico

Consta de dos objetivos ópticos separados una distancia dada. Con ellos se apunta al objeto. Cuando la imagen de los dos objetivos se superpone, el sistema calcula la distancia por la longitud de la base que los sustenta y por los ángulos de incidencia.

Ultrasonidos

Estos sensores son, igualmente, denominados sonar por su relación con la medida de distancias bajo las aguas en los navíos. Recurren a emitir una onda en una frecuencia superior a la de captación del oído humano, que rebota en el objeto y vuelve, donde es captada. El tiempo empleado se convierte en la magnitud de la distancia.

Láser

Es el procedimiento más preciso porque recurre a un fino haz de luz que impacta en una reducidísima porción del objeto a detectar. La cuantificación de la distancia sigue el criterio del sensor anterior.

Con alguno de los tres tipos de sensores, los robots se dirigen a la posición del hablante mediante triangulación, como sucede en los oídos del ser humano para localizar la fuente sonora.

RECONOCIMIENTO POR VOZ E IMAGEN

Lo más significativo de los robots sociales es el reconocimiento por voz e imagen del interlocutor. Es tarea confiada a la inteligencia artificial. Se nutre de las señales digitalizadas provenientes de los captadores esenciales: los micrófonos y las cámaras. Los primeros —los captadores de sonido— se encuentran instalados en puntos estratégicos de su estructura y los segundos en cualquier posición frontal, aunque predomina el lugar que ocupan los ojos.

El reconocimiento facial lo consigue la IA mediante sus algoritmos, recurriendo a la asociación con patrones previamente registrados. De la imagen se ocupa un codificador que convierte la escena captada en un elevado número de celdillas y se procede a efectuar comparaciones parciales con los citados patrones almacenados. Para reconocer la voz del hablante se emplea un procedimiento biométrico que compara el diagrama de densidad de frecuencias de la voz recibida con las almacenadas previamente.

No solo la identificación del rostro; a través de la inteligencia artificial se pueden identificar los ya citados estados anímicos siguiendo igualmente patrones extraídos de la conducta humana. Las cámaras pueden tener arquitectura en 2D, para captación plana, o en 3D para captar profundidad y evaluar las indicadas expresiones del rostro del interlocutor. Estas últimas son dispositivos estereoscópicos que simulan la visión humana: cada ojo obtiene una imagen, que el cerebro suma para obtener la sensación de profundidad. La identificada tendrá un nombre asignado, con el que se dirigirá a su dueño el robot en lenguaje natural. En el caso de Pepper, el número de lenguas que habla es de quince.

Figura 11.11. Cámara 2D para robótica (Charmed Labs)

ALIMENTACIÓN

La batería de litio es el medio usual de alimentación. Un conector externo permite su recarga desde la red eléctrica. A modo de ejemplo de autonomía, al popular Pepper se le suponen doce horas en funcionamiento normal, a su hermano Nao noventa minutos en posición estática y sesenta en dinámica, realizando sus piruetas, a la mascota perro AIBO dos horas y al de compañía Cutii 4-6 horas.

Inteligencia artificial

Sin lugar a dudas son las palabras mágicas, no solo en robótica, aunque esta aplicación lo ha acelerado. El viejo sueño de Alan Turing de que las máquinas pensaran, tiene su más fiel aliado en la inteligencia artificial, un producto cocinado con ingredientes tecnológicos, y en la brujería, si se tiene en cuenta lo que proclamó el científico Arthur C. Clarke: «Conforme avanza la tecnología, se parece más a la magia».

DEFINICIÓN Y ANTECEDENTES

La RAE define la inteligencia como la capacidad para resolver problemas. Y la artificial como la incorporación de la computación para el mismo propósito. Es, en una definición libre, y peligrosa porque despierta los demonios éticos en los detractores de la convivencia de los humanos con los humanoides, el intento de imitar el comportamiento del cerebro natural con los artificios de la ciencia y su brazo ejecutor, la tecnología.

No es la única definición para la inteligencia artificial, o IA, conocidos especialistas aportan la suya:

Medio que actúa como los humanos.

Medio que piensa como los humanos.

Medio que actúa con raciocinio.

Medio que actúa con racionalidad.

En el primer caso, el modelo es el hombre, en el segundo su mente, en el tercero la aplicación de la lógica y en el cuarto el que percibe y actúa en correspondencia. En cualquier caso, la IA asienta sus pies en tres bases matemáticas:

La lógica, para aplicar reglas de raciocinio.

La complejidad, para que sus actuaciones sean computables.

La probabilidad, o cómo razonar con acierto.

Las máquinas que llevan en su seno IA, o AI (*Artificial Inteligence)* en inglés, disciplina de poco más de medio siglo de existencia, involucran las acciones de aprendizaje, percepción y resolución. Por el momento, todo al dictado de las instrucciones enlatadas o las recibidas a través de las redes, que hacen de base de datos, son imitaciones de los diccionarios que emplean los humanos. En términos generales, la IA tiene dos caras complementarias: el hardware y el software. La primera es un sistema lógico de entradas de información del entorno y salidas para los actuadores de movimiento, imagen y sonido; y la segunda, un conjunto de programas escritos con herramientas y lenguajes específicos para inteligencia artificial. La unión es, en palabras sencillas, un ordenador con capacidades de locomoción y de intercomunicación con los humanos en su lenguaje natural.

«Las máquinas podrán imitar la mente humana». Alan Turing (Londres, 1912-1956), el padre de la IA, aunque no le puso nombre, escandalizó cuando lo proclamó en 1950, creando caos, con su artículo *Computing Machinery and Intelligence*. Entonces formuló el test para averiguar lo que lleva su nombre: el test de Turing, una referencia en la materia.

De nuevo nos encontramos ante el escalón resbaladizo de la definición: no hay acuerdo. Tampoco lo hay para la inteligencia natural. Demasiado grandes para encerrarlas en unas pocas palabras. Como solución nos quedamos con la del científico inglés: «Si una máquina puede actuar como un ser humano, entonces es inteligente». El test que propuso estaba enfocado a determinar si una máquina es o no inteligente. Se puede expresar así: Si en una conversación desarrollada en lugar opaco entre hombre y máquina las respuestas no permiten determinar con certeza si se trata de un humano o de una máquina, la conclusión es que la máquina es inteligente. Hoy todos los robots sociales superan esta afirmación. Sin embargo, tratando de tirar más del hilo, surge la condición de dependencia del tipo de preguntas que se le formulen a la máquina. Así, si las respuestas se pueden obtener por deducción de lo hablado, se determina que las ha hallado la inteligencia artificial a través de sus algoritmos, pero si se le pregunta, por ejemplo, quién y cuándo quemó la Biblioteca de Alejandría, la máquina, para localizar esa aguja en el pajar, recurre, aunque también con ayuda de la inteligencia artificial, a internet o a una nube a su disposición con tablas de datos. Es lo que hacen los robots sociales. La situación formulada induce con demasiada frecuencia a la conclusión de que los robots únicamente hacen lo previsto por el programador o lo que les facilita el mundo exterior.

RECONOCIMIENTO Y APRENDIZAJE

Las bases expuestas en el apartado anterior tienen conexión directa con lo que cifraba el científico padre de la computación como premisa de la inteligencia de una máquina. Su andamio tiene tres pies:

Reconocimiento del lenguaje

La máquina debe reconocer el lenguaje natural de su interlocutor y tener capacidad para extraer el mensaje contenido en sus palabras.

Razonamiento

La máquina debe tener capacidad para discernir, pensar y ordenar adecuadamente las ideas y, con ellas, llegar a una conclusión certera.

Aprendizaje

La máquina debe adaptarse a la realidad del momento y aprender de lo que capte del exterior. Supone, en suma, adquirir conocimientos por todos los medios a su alcance y retenerlos como experiencia acumulada.

Con lo descrito anteriormente se llega a una nueva definición: con la Inteligencia artificial, sustentada en los algoritmos, se pretende crear máquinas que imiten el pensamiento humano amparándose en los datos de entrada relativos a las situaciones dadas. Los algoritmos, por su parte, son secuencias de pasos lógicos para hallar una respuesta en una dirección definida; por ejemplo, hallar el camino más corto entre dos destinos. De nuevo se puede encerrar toda su dinámica en tres pasos:

Supervisado

Con este algoritmo se enseña a la máquina destinataria con el ejemplo. Para conseguirlo, se le proporcionan datos relativos a las entradas y salidas definidas acerca de lo que se espera conseguir. Con todo lo citado, el algoritmo observa y hace predicciones para hallar el método más adecuado con el que obtener la solución.

Sin supervisión

Se le aportan datos de entrada para definir los patrones que lleven a identificar sus estructuras.

Esfuerzo

Algoritmo denominado así por basarse en el aprendizaje por la experiencia: ensayo y detección de error y posterior corrección. Se le proporcionan datos, parámetros y valores respuesta de lo que se espera en relación con las situaciones que la máquina va a encontrar en su campo de operación. Es la vertiente más próxima a la humana: la ayuda externa para entender lo que se está viendo u oyendo.

La inteligencia artificial recurre a una arquitectura basada en las redes neuronales, un modelo de computación que mira de frente el funcionamiento y la organización del cerebro humano. Se estructura por capas interconectadas, al modo de las neuronas naturales. Sus redes proceden a descomponer los datos de entrada por capas o niveles. El procedimiento le permite al sistema aprender de los datos, reconocer patrones, una de las cualidades del cerebro de los humanos, al que emula, clasificar y emitir pronósticos.

MOTORES DE INTELIGENCIA ARTIFICIAL

El denominado motor de IA es el software específico aplicado a un fin definido. Asociado al medio informático general, dota al robot de inteligencia, capacidad de reconocimiento del medio, de sus interlocutores y de actuación, empleando el lenguaje natural, el de los humanos. Al citado motor se le asocian tres funciones: reconocimiento del lenguaje, toma de decisiones y aplicación de tácticas acordes con las situaciones captadas por los sensores. La figura 11.12 muestra de modo básico su estructura.

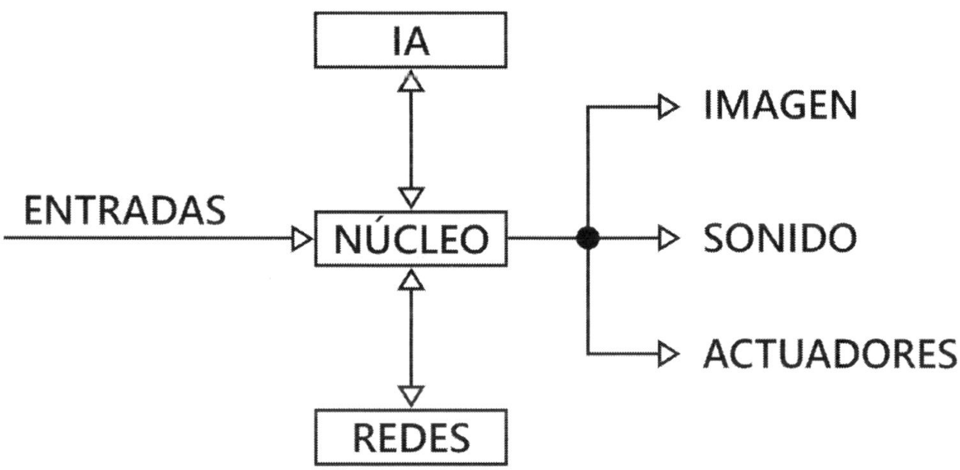

Figura 11.12. Organización de un motor de inteligencia artificial

El núcleo es el hardware del medio informático. En él convergen las entradas de los sensores que correspondan, por ejemplo los de guiado del robot, y las señales de los captadores de imagen y sonido, de cuyo contenido se deben extraer patrones de reconocimiento de rostros y voces, tarea asignada a la inteligencia artificial, como se ha indicado anteriormente. Del núcleo del hardware parten tres tipos de informaciones respuesta:

Imagen

Señales de representación de datos y gráficos a presentar en la pantalla, si la posee, como el robot Pepper.

Sonido

Señales para reproducir el sonido natural mediante un altavoz.

Actuadores

Tensiones eléctricas de activación de los electromecanismos de tracción del robot y movimientos de cuerpo, extremidades y rostro.

Programación

Aunque Goethe en su obra *Fausto* vino a decir que «acabaremos dependiendo de las criaturas que hayamos creado», por el momento es a la inversa: los robots son dependientes del ser humano porque al "nacer" se les aplica un programa de tareas fundamentales. Su facultad es aprender de ellas pero no cambiar de criterio de actuación. La aplicación de "alma" para contar con albedrío pertenece a *RUR*, la obra teatral del dramaturgo checo Karel Capek y a la ficción. Los robots comienzan su andadura con la introducción, vía wi-fi o directa, de un programa de determinación de alcances. Se elabora mediante las herramientas informáticas aportadas por los fabricantes o los desarrolladores de aplicaciones, los expertos que adaptan los robots a los requerimientos de los usuarios. Tras mucho hermetismo inicial, hoy es usual que se disponga de código abierto para facilitar la expansión. Lenguajes como C++, Java, Choregraphe y Python, con sus bibliotecas gráficas NumPy y SciPy, y el sistema operativo NAOqiOS, facilitan notablemente la labor de configuración y adaptación a las necesidades. Algunas firmas proporcionan plataformas de desarrollo para guiar la operación y hacerla más fácil. Una de las más conocidas es la que aporta SoftBank Robotics para sus famosos modelos Pepper y Nao. La figura 11.13 muestra un ejemplo de una de sus numerosas pantallas de ayuda de la plataforma, sin que nos adentremos en su manejo por no ser objeto de esta obra.

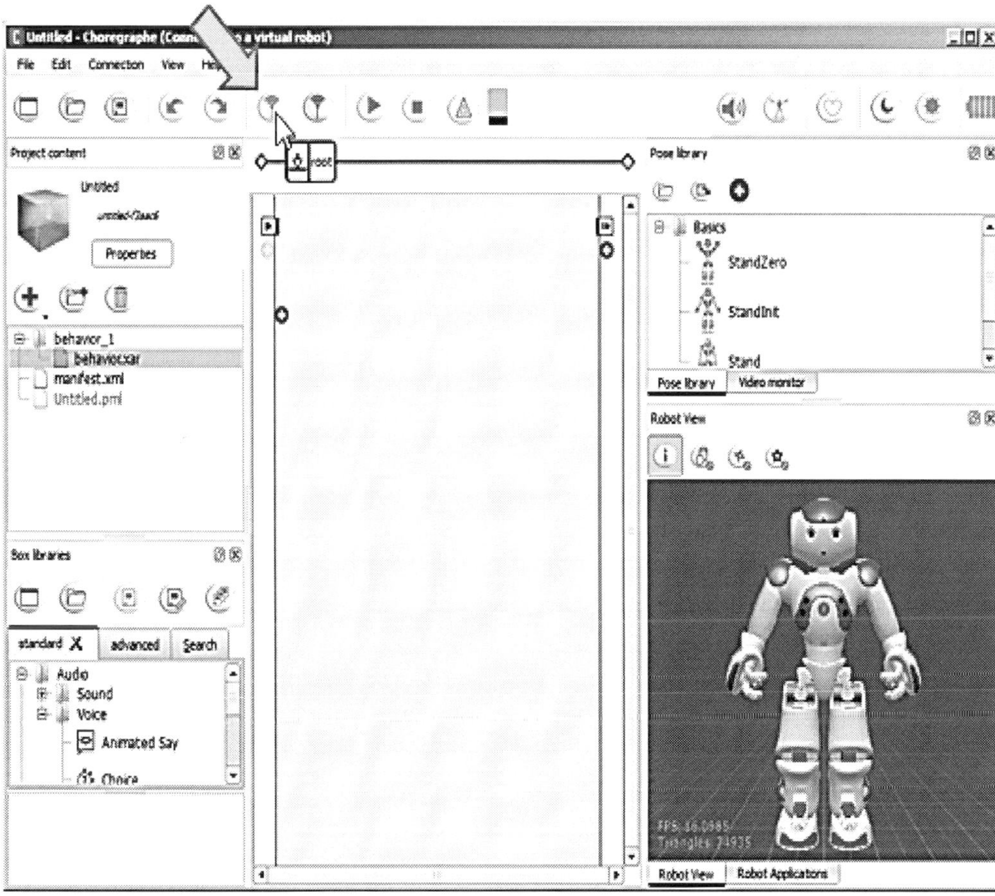

Figura 11.13. Ejemplo de una de las pantallas desplegables para configurar el robot Nao (SoftBank Robotics)

A través de la interfaz gráfica de la plataforma se pueden crear y editar tanto los movimientos como los comportamientos del robot. Los movimientos se seleccionan partiendo de una biblioteca de tipos de movimientos y sus acciones respuesta. Registrados los objetivos, se obtiene una lista de funciones adecuadas a cada necesidad.

Redes

«Programarlos y después que aprendan». Son las dos fases de los robots que citan asiduamente los expertos desarrolladores. Para ambas acciones, los robots se encuentran hermanados con la red. Es, para los humanoides, el símil de la enciclopedia del estudiante unas cuantas décadas atrás. Pero esa red tiene dos vías muy diferentes: la pública y la privada. Y en perspectiva de generalización, una tercera de comunicación entre ellos. La primera es internet, la alacena donde los robots buscan y hallan las respuestas a las demandas de los usuarios. La segunda es de propietario, un alojamiento desarrollado específicamente para un determinado robot. En él, el fabricante o el desarrollador alojan aplicaciones, nuevos algoritmos y herramientas para aumentar la inteligencia en términos de conocimientos, habilidades y destrezas de las máquinas inteligentes.

LA BIBLIOTECA DE ALEJANDRÍA

En una de las numerosas presentaciones a los medios que se hizo de Sophia, la reina del papel cuché de la robótica social, le preguntaron: «¿Cuál es su personaje público favorito?». Ella (¿es válido decir "ella"?) abaniqueó con coquetería femenina sus largas pestañas, exhibió en su gelatinoso rostro, préstamo del de la actriz belga Audrey Hepburn, algunos de sus movimientos y respondió, clavando los ojos en los del periodista: «Cristiano Ronaldo».

Asombro en el público por la inteligencia desarrollada, y gestos de triunfo y falsa humildad en su "padre", el constructor norteamericano David Hanson, antiguo empleado de Walt Disney, que, momentos antes, había retado a los asistentes a que "su Sophia" podía responder a cualquier pregunta. Muchos asistentes desconocían que la respuesta la había obtenido, como los escolares ante la duda, de un diccionario enciclopédico con más páginas que la Biblioteca de Alejandría: de una nube (de datos) para ella sola.

NUEVAS REDES

La tercera vía anunciada es una red propia para robots en la que todos estén interconectados para compartir datos y acaso experiencias, evitando que cada unidad sea una isla. Bases de datos, mapas, informaciones, tablas, y la posibilidad de comunicarse entre ellos. La idea suena a fantasía, pero tiene un nombre: Roboearth. Es una red de alcance planetario en la nube.

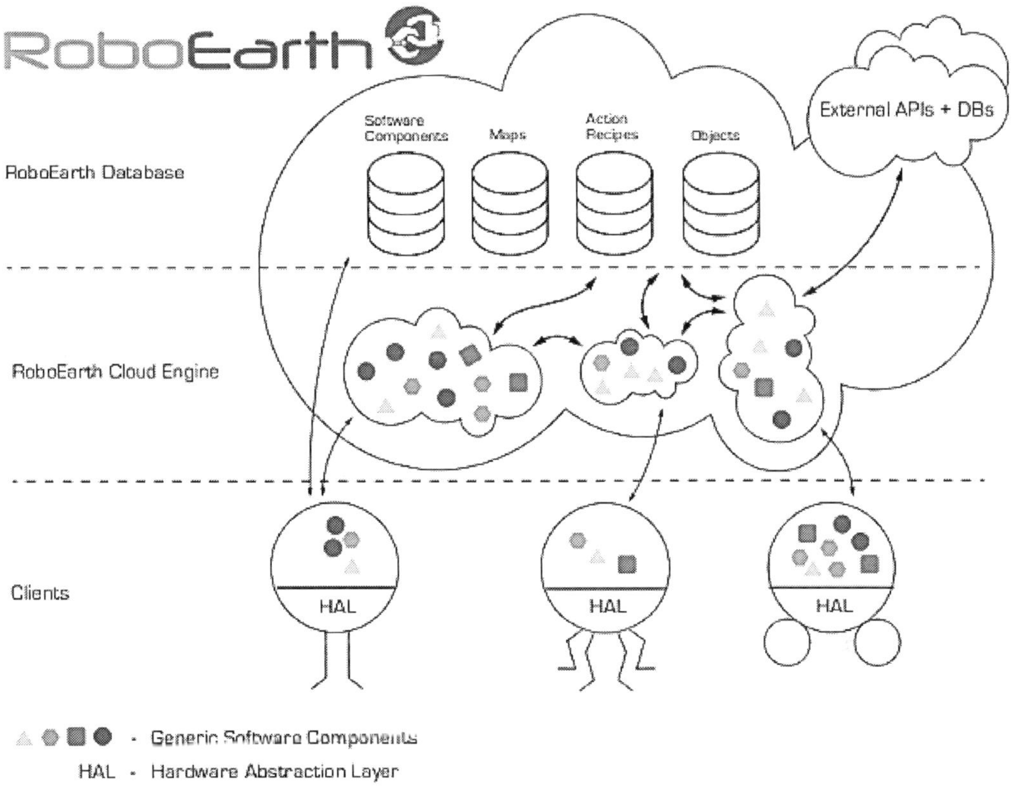

Figura 11.14. Diagrama básico del cloud para robots (Roboearth.org)

Al modo de la WWW, la red de los robots, nombre que ya se le aplica, supone que todos los robots pueden compartir una gran base de datos, delegar tareas y hasta llevar a cabo procesamiento en paralelo para agilizar los tiempos de respuesta. Pero en muchos recelosos surge una aterradora duda: «compartiendo una red propia, un medio solo a su alcance, ¿no se pondrán de acuerdo para alguna maldad?, ¿decidirán asociarse como colectivo y crear una especie? Son las preguntas que lanzan los agoreros, los que se dicen previsores y los amantes de la fantasía. Para el resto, simple humor.

12 ASPECTOS LEGALES

«El derecho no escapa a la robótica, todo cambio deber contar con control y protección», afirman conocidos juristas. El derecho a aplicar a la relación del ser humano con los robots demanda una nueva disciplina de su competencia. En juego derechos tan excepcionales como los éticos y los jurídicos de las máquinas inteligentes, el registro de sus unidades, como se registran, por ejemplo, los medios industriales y agrícolas dotados de movilidad, las condiciones de seguridad que se deben cumplir y la preservación de la privacidad, la carta de ciudadanía, el aspecto más espinoso. Y hasta se pide una nueva ordenación tributaria en el contexto de los "robots trabajadores", los que desplacen de sus puestos laborales a humanos.

El robot en la sociedad

Calladamente, sin las campañas publicitarias de otros productos para la atención y el disfrute del ser humano, los robots están posicionándose en todos los ámbitos y estamentos de la sociedad. Nadie siente asombro por la presencia de un humanoide a la puerta de un establecimiento para direccionar las visitas ni de otro llevando la bandeja de la comanda en la hostelería. Tampoco la penetración de modo desapercibido del "robot familiar", el de reducidas dimensiones, el que acapara la atención de los niños en detrimento de las consolas de juego y similares, que se ven desplazadas, y de los mayores, por sus habilidades y destrezas, entre ellas la memoria, su imborrable capacidad para recordar lo que otros olvidan con facilidad.

Las ventajas que aportan con su inteligencia artificial, en alza, les permiten dar respuesta al entretenimiento, a la formación y al cuidado de los miembros del clan familiar con dependencia, tareas nada desdeñables que justifican su entrada en el hogar.

En el cuidado de menores y mayores en los centros asistenciales y de salud, como asistentes de los terapeutas, son una realidad constatable, no tanto por el volumen de unidades en juego en Europa, destino de estas líneas de información de la situación jurídica, sino por la aceptación recibida, por el creciente interés de los profesionales en evaluar sus posibilidades. Los modelos de robots de compañía de mayores en soledad aumentan en los países orientales pero no en los de la cultura occidental. Como se ha indicado anteriormente, y conviene recordarlo, en el continente europeo solo Francia ha destacado en su uso durante la pandemia COVID-19. Así, en previsión de un aumento en su expansión, que tantos dan por seguro en el horizonte próximo, la legislación ha puesto los ojos en esas simulaciones de ser humano para establecer sus derechos y sus deberes y encasillarlos.

Ética y seguridad

Tanto en la ficción como en la realidad, la ética y la seguridad de los androides siempre ha preocupado al ser humano. Isaac Asimov, cuando inició sus conocidos relatos tomando a las criaturas artificiales como protagonistas y acuñó el término robótica, sus primeras palabras fueron de apaciguamiento, de que no atentarían contra sus dueños.

En la segunda mitad del siglo XVI, el poeta inglés Edmund Spenser introdujo en su celebérrima narración de tinte épico *La reina Hada* (*The Faerie Queene) a* un humanoide llamado Talus (de nuevo en escena el mitológico Talus) como brazo armado de la justicia, un enderezador de entuertos, en palabras del padre de Don Quijote, pero al que, con frecuencia, se le iba la mano y mataba sin tino. Así, puso en tela de juicio la moral de tales seres mecánicos. Anticipación, lo que media entre la ciencia y la técnica que materializa los descubrimientos. La implicación de la ética y la seguridad frente a los robots está en estos momentos en debate para establecer límites. Se aventura que, en Europa, el camino será largo. En Asia ya hay legislación, aunque no abarca todo lo que se le pide.

Derechos y deberes de los robots

En febrero de 2017, el Parlamento Europeo trasladó a la Comisión encargada una serie de recomendaciones (TA 0051—2017) sobre «el derecho civil de los androides y sus asociados cuadrúpedos, las denominadas mascotas». Con un lenguaje florido más próximo a las cálidas humanidades que a la fría tecnología, en el documento se recogen, entre otras sugerencias dignas de estudio y aplicación, las siguientes:

DEFINICIÓN DE ROBOT

El documento lo sentencia como «un medio con capacidad para aprender mediante la experiencia y la interacción con el ser humano». Una definición más.

ÉTICA

En algunas de las propuestas del documento, se pide que la robótica sea compatible con "los valores morales más altos del ser humano". Isaac Asimov ya lo anticipó en sus famosas tres leyes de la robótica. Pero todos sabíamos que se trataba de ficción. En este y otros aspectos similares, se están produciendo espinosos cruces de opiniones entre los fríos técnicos y los cálidos filósofos, sociólogos y expertos de otras disciplinas humanísticas similares. El robot es una máquina programable por su suministrador o su dueño.

REGISTRO

Es la petición más en alza: la creación de una agencia de robótica que, entre otros aspectos de su competencia, proceda a un registro de las unidades en circulación, como en las viviendas o en los vehículos. Destacan los solicitantes que, tras las numerosas aplicaciones en que están implicados los robots sociales, indican dos modelos como de atención inmediata: los dedicados a actividades relacionadas con la medicina en su aspecto más amplio y los que se ocupan de la atención y el cuidado de seres humanos.

PERSONA JURÍDICA

Corresponde a la mayor fricción entre las partes: la petición de otorgar a los robots que interactúan con el ser humano la condición de "Persona digital", con documento de identidad o pasaporte, como la robot Sophia y el Reino Saudí, "su país legal de adopción". Expertos de todas las latitudes aventuran que se conseguirá. Avala la petición que los robots, como máquinas inteligentes, ya conviven con los seres humanos en sus aspectos personales y profesionales. Y no por su afluencia del momento, solo en número estimable en Japón y China, como se ha indicado en repetidas ocasiones, sino porque la tecnología ya está suficientemente madura como para que se pueda producir su irrupción masiva. El robot sirviente del hogar, a introducir cuando la gran industria encuentre el momento oportuno, sentará la alianza definitiva entre los robots y los humanos.

RESPONSABILIDAD

Este apartado se refiere a los daños que los robots puedan causar a terceros. Aunque para el lego pueda parecer un sinsentido, en relación con el derecho los juristas se preguntan si la responsabilidad debe ser atribuida al robot o al dueño. La regulación afecta especialmente al sector de los seguros.

Es de tener en cuenta que el robot se define como una máquina autónoma con capacidad de interacción y de aprendizaje a través de su entorno y de lo que percibe. Aunque programable en su inicio, lo captado durante su vida útil puede dar lugar a acciones que ocasionen accidentes a las personas y a los bienes. El seguro de responsabilidad civil, el asidero del momento, no está contemplado en todas las ocasiones.

FISCALIDAD

«La irrupción —se lee en ambientes relacionados con el derecho— de los robots en el mercado laboral está planteando la necesidad de una nueva fiscalidad». Es la vuelta de un añejo aspecto que se creía oxidado: la compensación económica a las arcas públicas, o a quien corresponda en cada circunstancia, por los puestos de trabajo destruidos a cuenta de la utilización de máquinas inteligentes. Considerando una falsedad que los robots únicamente hacen los trabajos más pesados y peligrosos para que los seres humanos se ocupen de otros más livianos y placenteros, y que no se perderán puestos de trabajo, la proclama de los interesados, la situación puede dar lugar a que el robot (su empleador) compense o no económicamente.

Carta de ciudadanía

En noviembre de 2016 se celebró Robotiuris, el primer congreso dedicado a los aspectos legales de la robótica. En él se debatieron cuestiones como la responsabilidad civil y penal de los robots y si pueden ser sujetos con derechos y obligaciones. «El derecho tiene que ocuparse de esta tecnología disruptiva para garantizar el respeto a los derechos fundamentales de la Carta de la Unión Europea», dijeron. Y en otro escenario parejo se propuso la creación de una Agencia de la Robótica y la Inteligencia, y la elaboración de un código de conducta ético para determinar quién tiene la responsabilidad. No faltaron voces reclamando el estatuto de adjudicación al robot de la condición de "persona jurídica". Se recordó, para justificar la propuesta, que el día 25 de octubre de 2017 se otorgó carta de ciudadanía al primer robot: la robot estrella Sophia, de bello rostro y aguda inteligencia (artificial). Ella misma expresó su satisfacción en rueda de prensa por medio mundo: «Quiero agradecer al reino de Arabia Saudí la distinción». Lo de Sophia únicamente fue un adelanto de la empresa constructora por razones de marketing. No así la batalla que se libra en los organismos públicos ocupados del ordenamiento jurídico desde que los robots comenzaron a hacerse presentes en el panorama social de los ciudadanos.

El pasajero de la Lufthansa

Este acontecimiento hizo saltar del sillón a más de uno de los que temen la invasión de los robots sociales. Se produjo en el aeropuerto de Los Ángeles el día 15 de diciembre de 2014, a las 11:05 horas. El vuelo implicado: LH 457, con destino a Fránkfurt. El pájaro con alas artificiales: un Boeing 747 de Lufthansa.

Tres pasajeros llamaron la atención. Los fotógrafos, avisados, dispararon sin cesar. Todas las cadenas dieron la noticia. Los promotores sabían que se recibiría con opiniones encontradas.

A muchos de los que esperaban el vuelo les inquietó la estruendosa llegada de un pasajero con estructura metálica, cuya silla de ruedas arrastraban dos compañeros de asiento. Los tres franquearon sin dificultad todos los controles de seguridad aduaneros; en sus manos, exhibiéndolos, sus pasaportes y pasajes. Sus nombres eran Jeannette Bohg, Alexander Herzog y Athena. Los dos primeros científicos del Instituto Max Planck, de Tubinga, la ciudad universitaria anclada a orillas del río Neckar, en el estado de Baden-Wurtemberg, y el tercero un robot con indumentaria deportiva, sin que le faltaran zapatillas de colores llamativos acordes.

El de nombre griego iba aposentado como un rey. Su estatura era de 1,8 metros y su peso de solo 48 kg. Su aspecto facial no era el de los risueños Pepper y Nao, ni contaba con la belleza de Sophia; tenía el que le moldearon sus constructores: un androide robusto y de rostro duro, como la vida profesional que le esperaba cuando le cargasen la inteligencia artificial adecuada a sus fines.

El viaje era la culminación de un encargo de los alemanes a la compañía Sarcos, el fabricante de los robots Guardian, ubicado en el estado de Utah. En su nuevo hogar, Alemania, Athena aprendería a caminar y las destrezas necesarias para su cometido: abordar tareas peligrosas para los seres humanos, adentrarse en espacios poco accesibles, con temperaturas altas, muy bajas o con radiaciones nocivas.

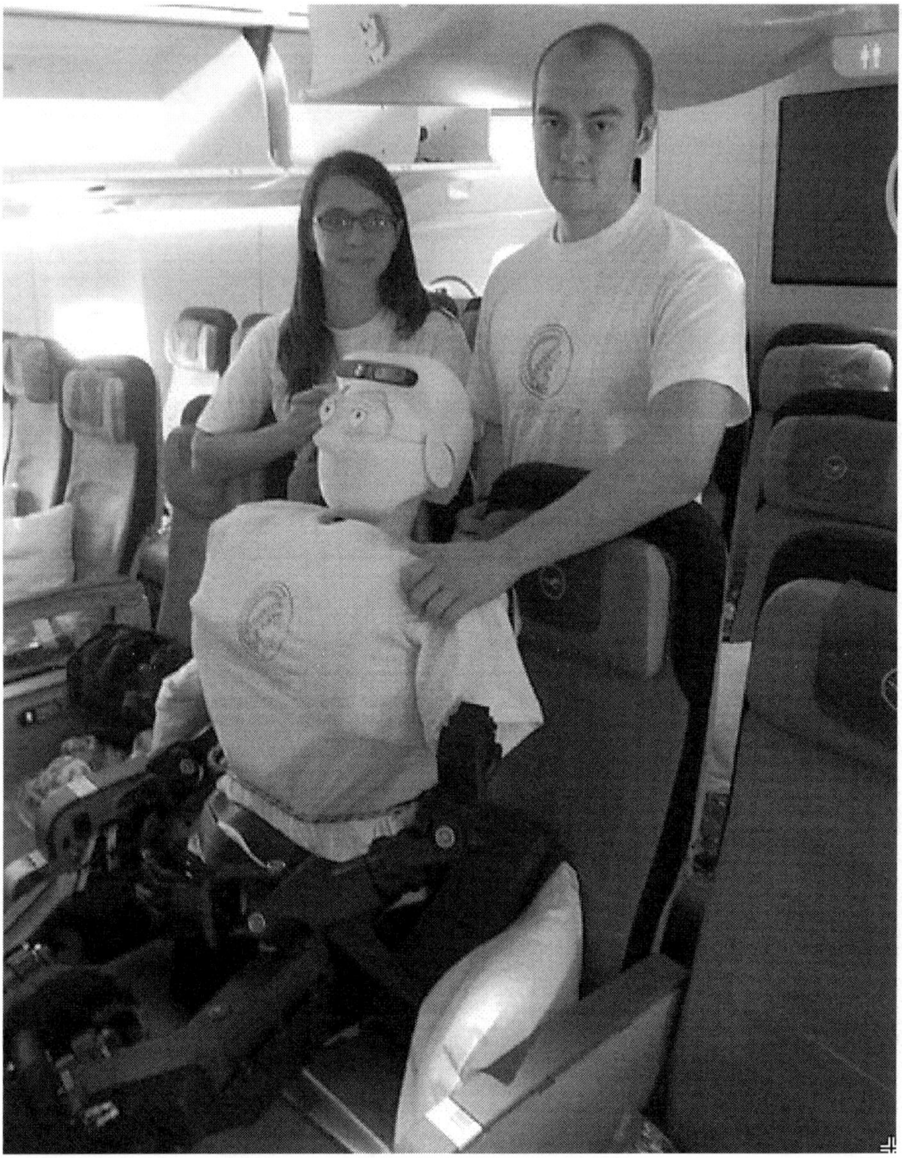

Figura 12.1. El robot Athena con sus compañeros de vuelo (Instituto Max Planck)

Contemplarlo en un avión, entre los humanos, con su pasaje en la mano, con su rostro moviéndose, avistando todo lo nuevo que llegaba a su cerebro artificial desde las cámaras instaladas en sus ojos, certificaba plena convivencia con los humanos y alentaba a subir el tono de voz de los que pedían legislación para ellos.

13 RETOS

El libro finaliza con una reflexión: el reto que supone aceptar el logro de la ciencia acaso más necesario para el ser humano contemplado desde el derrotero que está tomando la vida personal y profesional presidida por la electrónica y las comunicaciones. Se habrá podido desprender de las páginas precedentes que la robótica social que se espera no es un avance más de los que acostumbra a producir la tecnología de consumo. Algunos expertos apuntan a que se podrá equiparar al de los vehículos, movimiento industrial que ha cambiado todos los aspectos de la existencia humana.

Los simpáticos robots no son tan inocentes como podemos suponer cuando nos hablan y atienden solícitos nuestras órdenes. Los sociales nos traen retos importantes. En el momento presente su número entre los humanos es testimonial, pero la industria no lo permitirá por mucho tiempo teniendo en cuenta que la tecnología está desarrollada y la economía ávida de nuevos mercados. Cifro los retos en el horizonte en dos premisas: aprender a convivir con ellos en las múltiples facetas que puedan proporcionar y prepararnos para las nuevas consecuencias medioambientales derivadas de un empleo masivo, a lo que vamos. O nos llevan.

Aprendiendo a convivir

¿Los robots experimentan emociones o solo muestran empatía? Es una pregunta frecuente. La doctora Concha Monge, profesora e investigadora de la Universidad Carlos III, de Madrid, no puede decirlo más claro para espantar el miedo a la competencia de las máquinas inteligentes: «Los robots no tienen emociones, solo las simulan». Ella diseña robots.

En Occidente, el miedo a la introducción en nuestras vidas de los robots sociales se centra principalmente en el rechazo dentro del mundo laboral por el elevado índice de desempleo que algunos expertos suponen que pueden provocar. Es un efecto inamovible, sin posibilidad de establecer un muro de contención: el empleador decide si máquina o humano. Pero el más preocupante para la expansión que sueña la industria constructora de robots se produce en el ámbito personal, en el de la convivencia tras las paredes del hogar. Es el gajo más voluminoso del comercio que se espera. En el año 2019, el Foro Económico Mundial (WEF) situó la robótica social como una de las diez tecnologías emergentes. Pero dijo algo más: «Los robots se están convirtiendo en parte de nuestra vida cotidiana». Necesitamos aprender a convivir con ellos y valorar y aprovechar lo que nos ofrecen porque el camino solo es de ida. Y no con resignación sino valorándolos como útiles que nos hagan la vida más cómoda. Recordemos que por mucho que impresionen al principio sus rostros, sus gestos para hacerse los simpáticos y sus voces casi humanas (también lo es la de cualquier cajero bancario o barrera de seguridad cuando emite información), un robot es un equipo electrónico revestido de humano con un botón de arranque y parada a nuestro alcance.

Recordemos que el ser humano se muestra siempre reacio a los cambios, a alterar sus rutinas y a que se desplacen sus roles. En todos los casos, el avance técnico lo han abanderado unos pocos que tratan de convencer a los demás de las bondades de sus frutos. El desarrollo de robots sociales seguirá este criterio. Sin embargo, es mucho lo que pueden aportar en todos los aspectos de la existencia. E independientemente de esta condición, su logro ennoblece al ser humano porque es una obra suya. El robot humanoide no es un enemigo, es un sirviente que ejecuta las tareas que no podamos o no queramos hacer.

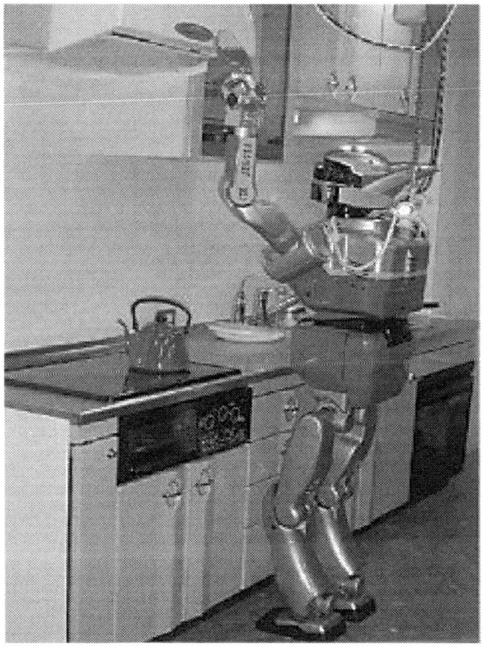

Figura 13.1. El robot más esperado: el que atiende las tareas del hogar (ARMAR)

Robots en el atardecer de la vida

Aunque ya se ha alabado el empleo de los robots en el cuidado de las personas mayores —una de las facetas más encomiables de estos ingenios mecánicos—, el tono no es de triunfo porque el impulso es tímido por estas tierras. La superstición puede alejarlos de dos labores tan necesitadas como fáciles de cumplir dado el estado de la sociedad. Son dos retos que no pueden esperar. Los japoneses los saldaron hace años con unas pocas palabras: «Demasiados mayores para las fuerzas de asistencia que tenemos». Nada es casual. Dirigir los robots al cuidado de los dependientes y solitarios responde a una visión realista. La barrera a franquear, sin embargo, es cultural. Demasiado cambio para asumirlo con facilidad.

LA SOLEDAD

Es uno de los retos: contar con los medios artificiales que ofrece la tecnología para espantar la soledad, uno de los grandes males del alma. A la compañía se une un racimo de prestaciones: agenda, recordatorio, entretenimiento, vigilancia...

LA RESIDENCIA

El grueso de terapeutas todavía no confía en la ayuda que le ofrecen los robots orientados a la roboterapia. Al desconocimiento de sus posibilidades se une la preocupación por sus puestos de trabajo. Los robots para los ancianos de las residencias son simplemente sus ayudantes, un intento más de contribuir a aliviar, aunque sea momentáneamente, la angustia y la melancolía.

Figura 13.2. Paro, uno de los muchos robots mascota que pueden despertar sentimientos que induzcan al bienestar

El robot Paro y otros similares han dado muestras suficientes de sus posibilidades balsámicas en trastornos de la edad avanzada. Queda mucho por hacer, mucha información que verter para que a esos seres artificiales, cuya única culpa es haber cometido la osadía de parecerse a nosotros y a nuestros animales de compañía, se les abran las puertas.

¿Creando con algoritmos?

Al cierre de este libro, una importante entidad de utilidad pública relacionada con el libro ha abierto un debate acerca de si veremos robots escritores. ¿Se podrá crear literatura con algoritmos? Como sabemos, los algoritmos, la base de la inteligencia artificial, son conjuntos de instrucciones informáticas, en secuencia, para hallar una respuesta. Toma cuantas variables encuentra a su alcance, analiza y resuelve. Lo que hace y dice un robot está determinado por lo que capta de su entorno y por su inteligencia artificial, del mismo modo que en el humano lo está en las neuronas; si los ojos captan lluvia, las neuronas avisan de la conveniencia de resguardarse o de coger el paraguas.

La única respuesta sensata que se puede esperar es que, de momento, no escribirán, dándonos un respiro a los que lo hacemos. Les falta el "alma" de los primeros robots de la obra *RUR* del dramaturgo Karel Capek, el duende de los artistas, la imaginación del escritor, el sentimiento del músico. Sí, hay robots que interpretan música, pero música ajena leída de una partitura. «Los robots son tontos muy rápidos», dijo alguien relacionado con su manejo y aplicación. Su horizonte temporal se llama evolución, sin que sepamos hacia dónde dirigirá sus pasos. Por el momento, observan, preguntan a sus medios y actúan. Y así no se pueden escribir obras como *La Celestina*.

EPÍLOGO

Certezas e incertidumbres en las tareas de cuidados brindadas por robots

La reflexión que viene a continuación está hecha con el firme deseo de que pueda ser útil para los lectores y que, añadan respuestas o preguntas a las que formulamos en este texto. Partamos de que la definición de robot es: "Manipulador multifuncional reprogramable con varios grados de libertad, capaz de manipular materias, piezas, herramientas o dispositivos especiales según trayectorias variables programadas para realizar tareas diversas, por ejemplo el OSI1 Open Systems Interconnection o Interconexión de Sistemas Abiertos" (Mariscal y col.). Por tanto, es una máquina, herramienta o un instrumento técnico en el que confluyen ingeniería, informática, mecánica y electrónica.

Necesitamos comprender el entorno en el que el robot opera, para entender la tarea que queremos que realice. Por ello, y en relación con nuestro propósito, vamos a desarrollar algunos entornos en los que el robot puede operar. Previamente debemos presentar los principios de los cuidados humanos en el ámbito de la salud y la enfermedad. Y lógicamente en el entorno en que se desarrollan y quiénes lo llevan a cabo, para así poder plantearnos cómo pueden operar los robots. Acabaremos con las incertidumbres legales y éticas que nos surgen.

La enfermería abarca los cuidados autónomos y en colaboración que se prestan a las personas de todas las edades, familias, grupos y comunidades, en todos los contextos, que incluyen la promoción de la salud, la prevención de la enfermedad y los cuidados de los enfermos, discapacitados, las personas moribundas y el nacimiento respetuoso con las enfermeras obstétricas y matronas. Funciones esenciales de la enfermería son la defensa de los derechos de los pacientes, el fomento de un entorno seguro, la investigación, la participación en el sistema de salud, tales como: en las políticas de salud, en la gestión de los pacientes, en los sistemas de salud y en la formación de los futuros profesionales (CIE, 2002).

Los cuidados enfermeros

Desde nuestro grupo de investigación Aurora Mas, partimos de tres dimensiones del cuidado o triángulo de los cuidados, que están íntimamente relacionadas. La 1ª dimensión comprende la vigilancia clínica continuada que implica la valoración del riesgo del enfermo y según los datos clínicos protocolizados, la enfermera derivará a la intervención médica; la 2ª dimensión abarca el bienestar físico y emocional que implica dos grandes dimensiones: por un lado la suplencia de cubrir las necesidades básicas cotidianas cuando la persona pierde autonomía y necesita ayuda parcial completa. Estas tareas se llevan a cabo en estrecho contacto con familiares y técnicos auxiliares de enfermería. Por otro lado, en estados de accidentes (laborales, domésticos o de tráfico), malestares y a lo largo de padecer la enfermedad se deben abordar diversos estados emocionales; entre los más comunes suelen estar los temores, los miedos y otras expresiones emocionales del momento; son nuestros "Cuidados invisibles" (Huercanos y col. 2021). Esta dimensión emocional está hoy muy valorada por los neurocientíficos (Damasio, 2018), dado que genera cambios hormonales y altera el trabajo del propio sistema inmunológico. La 3ª dimensión, a su vez, comprende el empoderamiento de la persona en su propio cuidado. Lo que implica facilitar que la persona/paciente comprenda y aprenda a conocer mejor la reacción de su cuerpo en las dolencias y quizá enfermedades que pueda tener a lo largo de su vida.

El entorno del cuidado donde los robots podrían actuar o no

Para cubrir las tres dimensiones anteriormente descritas brindando los cuidados necesarios (Boff, 2012), son muy importantes el entorno y el contexto en el que se vayan a desarrollar, para ver cómo introducir el instrumento que es un robot. Recientemente se ha comenzado a hablar de los robots sociales (Perales, 2019), dado que están en relaciones con entornos sociales, a diferencia por ejemplo de los robots pioneros de fábricas de coches que además son más conocidos. Entre los robots sociales están los que ayudan en la limpieza de la casa, que "acompañan" a personas mayores que viven solas; los que ayudan a las familias a semejanza de un "mayordomo" que lleva la planificación de las múltiples tareas domésticas y familiares. Este perfil podría ser muy útil también a las personas que cuidan a enfermos crónicos en sus casas, realizando funciones de "grúas" para la movilidad de estos enfermos para prevenir escaras; en el aseo personal; en la alimentación; en el recordar la medicación oral; y quizá en otras tareas de ocio como en la lectura de libros o manejar mandos a distancia, como por ejemplo en los enfermos de ELA (Esclerosis Lateral Amiotrófica). Todas estas tareas pueden ser de gran alivio para los familiares de estos enfermos. Ahora bien, la vigilancia clínica y emocional requiere de la visita cotidiana de la enfermera y/o médico según el nivel de riesgo clínico del enfermo.

En las unidades quirúrgicas, de cuidados intensivos y cuidados intermedios, también pueden ser útiles estos robots para realizar las tareas antes descritas. Incluso pueden tomar constantes vitales como el pulso, la temperatura y la tensión arterial. Ahora bien, la valoración de estos datos debe ir acompañada de la valoración facial y emocional que realiza la enfermera, ya que no siempre los cambios fisiológicos se corresponden con los datos obtenidos al mismo tiempo; es muy posible que haya cambios internos que no se ven ni se manifiestan externamente hasta pasar algunos minutos e incluso alguna hora. Pongamos un ejemplo: Un enfermo operado de tumor de páncreas está con control de sangrado 2 y con movilidad muy reducida. Unas pocas horas después de la intervención el enfermo muestra inquietud y quiere moverse, se muestra agitado, quiere levantarse. Sus signos externos y constantes vitales siguen estables, pero no se le permite moverse; ¡ojo!, aquí viene el dilema de pensar sobre si es una persona "quejica" o percibe algo en su interior, cuyas vísceras están dañadas, o una hemorragia que todavía no se ve en el drenaje externo; y que aún no se manifestaba objetivamente en su presión sanguínea u otros signos vitales. Pasan unos minutos y se observa una gran alteración en los signos vitales, se constata una hemorragia masiva en el drenaje externo, lo llevan de nuevo a quirófano y lo salvan, pero entra en coma. Cuatro días después muere. El enfermo percibió que algo pasaba aunque no podía explicarlo, solemos decir que con el sangrado interior "sentía que se le iba la vida". En estas situaciones es la enfermera la que, al estar continuamente a pie de cama, percibe que está habiendo un cambio interior aunque no se vea en constantes, ni en el control externo de la hemorragia. Con frecuencia hay discrepancia entre los miembros del equipo. También requiere que haya una enfermera por paciente, como se da en las UCI de muchos países europeos, pero no es lo habitual en España. En estos casos, el robot debería tener un papel puntual de ayuda a movilidad y poco más.

Cuando la enfermera dice "este niño o esta enferma no va bien", es porque ve cambios en la expresión del rostro, en el tono emocional... que está cambiando algo. El buen médico, y aquí se ve la importancia del trabajo en equipo, hace caso a la valoración de la enfermera y, actuará de forma inmediata. ¿Podrá percibir un robot lo que percibe una enfermera que vigila continuamente a un enfermo? Es una gran pregunta en la que entra en juego lo técnico y lo emocional: los high teck y los high touch.

En una reciente publicación sobre la IA y los robots nos preguntábamos "¿Serán los robots capaces de acariciar, manipular y tocar pacientes, de transmitir calor humano no solo en relación con la sensación térmica, sino también en términos de la espiritualidad humana? ¿Proveer apoyo y comprensión e interpretar como una persona reacciona a las ansiedades, sentimientos de soledad, inseguridad y miedos de las personas de forma "individualizada"? Es decir, de la misma forma que humanos sensibles y capaces. Son interrogantes pendientes de aclarar, hasta ahora sin respuesta (Waldow, Germán, 2020).

Riesgos y principios bioéticos

Continuamos con más preguntas que ya nos venimos haciendo: ¿Sustituirán los robots a las enfermeras? ¿Quién administrará y orientará a quién, la enfermera robot a la enfermera humana, o viceversa? ¿Ante un accidente o (error/engaño), quién sería responsable de quién?

Hace casi diez años conocimos un documental que divulgó TVE sobre "obsolescencia programada" que nos impactó mucho (Dannoritzer, 2011). Comenzaba el documental con un joven al que le falló la impresora. La llevó a arreglar y en varios sitios le dijeron que era mejor que se comprara una nueva, que le saldría más barata. El documental también trataba de bombillas, pilas, baterías, etc. todo tenía cada vez menos duración. El joven expuso su problema en las redes sociales y otro joven ruso le envió un programa para "desprogramar" su impresora ya que estaba programada para que a las 100.000 fotocopias diera fallo total. El joven salvó su impresora. Ahora bien, lo que quiero señalar es lo que hay detrás de esto y es la intención de los responsables de las empresas: Todo esto era y en parte lo sigue siendo para aumentar el consumo. En este documental ya vemos los efectos de la IA (inteligencia artificial) según las intenciones de los que programan. Hemos visto que su intención era aumentar el consumo de productos sin tener en cuenta las consecuencias para las personas y el planeta.

Aquí nos surge una pregunta clave: ¿serán los programadores humanos capaces de planificar conductas específicas? ¿Serán capaces de programar el final de la vida de una persona de cierta edad porque sale muy cara para la sociedad? ¿E igualmente si son personas con enfermedades crónicas de larga duración? Y quién sabe qué otras maldades pueden provocar con estrategias que parezcan accidentes. Aquí planteamos un problema de suma importancia para los Comités de Vigilancia Técnica y de Bioética que nos parecen clave para evitar los posibles errores, o mejor dicho horrores, que nos pueden ocasionar estos instrumentos.

Por ello, nuestra propuesta es que nuestros representantes políticos se planteen la presencia de personas expertas no solo en leyes y bioética, sino de cada disciplina y profesión para que establezcan las tareas que los robots puedan realizar en nuestro contexto, en los cuidados a personas sanas, dolientes y enfermas. El cuidar implica para las enfermeras estar pendiente de la vigilancia clínica de las personas en contextos diversos. A ello se añade estar con la persona doliente o enferma, es decir, acompañar junto con cuidadoras y sus familiares. Este equipo de cuidadores es para las 24 horas del día. El cuidado puntual o virtual tiene valor pero es diferente y para nuestro punto de vista insuficiente. Estemos atentas y no dejemos que decidan por nosotras.

Bibliografía

Boff, Leonardo. *El cuidado necesario*. 2012. Ed. Trotta. Ver también: https://leonardoboff.org

Damasio, Antonio. *El extraño orden de las cosas*. 2018. *El extraño orden de las cosas: La vida, los sentimientos y la creación de las culturas*. Editorial Planeta. 2018. Ver también sus títulos anteriores como: *El Error de Descartes y el Cerebro hizo al hombre*.

Dannoritzer, Cosima. *Comprar, tirar, comprar*, 2011. Ver en: https://es.wikipedia.org/wiki/Comprar,_tirar,_comprar. Visitada (05(03/2021)

Germán Bes, Concha; Hueso Navarro, Fabiola; Huércanos Esparza, Isabel. "La relación entre globalización y salud y el reto de cuidar". En: Waldow-Vera Regina. (coord.). *Cuidado de enfermería: reflexiones entre dos orillas*. Granada: Fundación Index, 2014; pp.75-93.

Huércanos Esparza, Isabel; Antón Solanas, Isabel; Orkaizagirre Gomara, Aintzane; Ramon Arbues, Enrique; Germán Bes, Concepción; Jiménez Navascues, Lourdes. "Measuring invisible nursing interventions: Development and validation of Perception of Invisible Nursing Care-Hospitalisation questionnaire (PINC–H) in cancer patients. *European Journal of Oncology Nursing Journal*.

Mariscal Prieto, José; Caballero Ramírez, Antonio Luis; Muñoz Cecilia, Juan Antonio. "Cuestiones de Robótica" https://www.yumpu.com/es/document/view/62869543/cuestionarioderobotica -140901163357-phpapp02. Visitada (20/01/2021)

Perales Benito, Tomás. *Los robots sociales. Del temor a la esperanza en los sirvientes mecánicos*. Madrid: Creaciones Copyright, 2019.

Waldow Vera, Regina; Germán Bes, Concha. *Tecnologías Avanzadas e Inteligencia Artificial: reflexión sobre desarrollo, tendencias e implicaciones para la Enfermería.* Index Enferm 2020; (29)3:142-146 e12701 Index Enferm 2020; (29)3:142-146

Concha Germán Bes

Concha Germán Bes es enfermera, especialista en Salud Mental, Master en Salud Pública y Licenciada en Antropología Social y Cultural, doctora por la Universidad de Zaragoza y Profesora Titular (J) de la misma. Representó a la enfermería española en el grupo europeo Tuning, en el Espacio Europeo de Educación Superior.

Libros publicados:

Alcalá la Real una Ciudad Saludable 1993; *La revolución de las batas blancas, La enfermería española de 1976 a 1978*, 2013; *Ellas también cuentan, La presencia de las mujeres en los comités de las revistas biomédicas*, 2011; *Las primeras enfermeras laicas españolas. Aurora Mas y los orígenes de una profesión en el siglo XX*, 2020.

Pertenece a varias asociaciones profesionales, como la Fundación INDEX de Enfermería, de la que es socia fundadora; así como a la asociación «Vía Láctea» y a la Fundación «Nueva Cultura del Agua». Desde el año 1994 es integrante del SIEM. Pertenece a los grupos de investigación cooperativa "Aurora Mas: investigación en cuidados invisibles e Historia" (coordinadora) y al grupo de Hª Oseira. Aborda las investigaciones de cuidados con perspectiva de género y los autocuidados con visión ecológica y holística. También se inició en IA y cuidados.

ÍNDICE ANALÍTICO

E

F

G

H

I

J

K

L

M

N

O

P

R

S

T

